Kerstin Doerenbruch

TOTAL
RESET

Ein Geo-Engineering-Thriller

NOEL-Verlag

Originalausgabe
Dezember 2021

NOEL-Verlag GmbH
Achstraße 28, D-82386 Oberhausen/Obb.
www.noel-verlag.de
info@noel-verlag.de
Die Deutsche Bibliothek verzeichnet diese Publikation in der Deutschen Nationalbibliografie, Frankfurt; ebenso in der Bayerischen Staatsbibliothek in München.
Das Werk, einschließlich aller Abbildungen, ist urheberrechtlich geschützt. Jede Verwertung außerhalb der Grenzen des Urheberrechtsschutzgesetzes ist ohne Zustimmung des Verlages und der Autorin unzulässig und strafbar.
Das gilt besonders für Vervielfältigungen, Übersetzungen, Mikroverfilmungen und die Einspeicherung und Bearbeitung in elektronischen Systemen.
Die Autorin übernimmt die volle Verantwortung für den Inhalt ihres Romans.

Autorin: Kerstin Doerenbruch
Covergestaltung: Lücken-Design

Das Buch wurde hergestellt aus:

1. Auflage
Printed in Germany
ISBN 978-3-96753-094-0

Dieser Thriller
ist keine Science-Fiction.
Er basiert auf aktuellen wissenschaftlichen
Erkenntnissen.
Womöglich ist das, was hier beschrieben
wird, bald unsere einzige Option.

Teil I

Juni 2036

Kapitel 1

Grace Anderson war davon überzeugt, dass sie die Katastrophe noch stoppen könnte. Seit elf Jahren forschte sie an der Harvard Universität in Cambridge. Die neuesten Pilotversuche zeigten einen Weg auf, wie sich der Klimawandel mit der stratosphärischen Aerosol-Injektion wieder korrigieren ließ. Die Idee, einfach Teile des Sonnenlichts zu reflektieren, bevor sie zur Erde gelangten, gab es schon länger. Sie stammte aus den USA. Dann hatten Experten des Max-Planck-Instituts in Mainz diese Geo-Engineering-Methode ganz konkret mit den Auswirkungen von Vulkanausbrüchen abgeglichen.

Es war Montag früh, neun Uhr. Grace sollte gleich einen Vortrag auf einer internationalen Tagung in Genf halten. Sie war von Urs Alder, dem Leiter der Forschungskooperation, eingeladen worden. Grace wollte über die neuesten Simulationsergebnisse berichten. Was niemand wusste: Die USA standen kurz vor dem Start einer geheimen Stratosphären-Mission. Aber das musste ja auch niemand erfahren. Sie wollten quasi einen künstlichen Vulkanausbruch auslösen, indem sie direkt Aerosole in die Stratosphäre injizierten, als wären diese von einem Vulkan dort hochgeschleudert worden. Es wurde Zeit, dass endlich gehandelt wurde, weil die Überschreitung von immer mehr Kipppunkten des Klimas drohte.

Der Konferenzsaal war schlicht und modern eingerichtet. Das Ambiente der schlanken weißen Bestuhlung erzeugte eine kühle Atmosphäre. Als sie von Urs Alder anmoderiert wurde, ging Grace sicheren Schrittes nach vorne ans Rednerpult. Die Zahl der Experten auf diesem Gebiet hielt sich in Grenzen. Etwa fünfzig Wissenschaftler aus aller Welt warteten gespannt auf ihren Vortrag.

Mit ihrem blonden Pagenschnitt zog Grace alle Blicke auf sich. Ihr dunkler, taillierter Hosenanzug gab ihr die nötige Seriosität. Sie zeigte experimentelle Daten aus Pilotversuchen mit unterschiedlichen schwefelsäure- und kalkhaltigen Substanzen.

Vor zehn Jahren hatte die Forschungsgruppe eine Stiftung gefunden, die solche Experimente unterstützte. Dank dieser Ergebnisse war ihnen jetzt ein Durchbruch gelungen.

Wie immer bei solcherlei Vorträgen musterten ihre Augen das Publikum und bei einem besonders interessierten Zuhörer blieben sie hängen. In der zweiten Reihe saß Luca Barbieri, ein Deutscher italienischer Abstammung, der ihr die Worte von den Lippen ablas. Er kam trotz seines Dreitagebartes mit seinen dunklen, kurzen Haaren akkurat daher. Zum Sakko trug er eine dunkle Jeans und ein weißes Leinenhemd. Sie hatte ihn noch nie vorher auf den zahlreichen Tagungen bemerkt. Bildete sie sich das nur ein oder flirtete er mit ihr?

Nach etwa zwanzig Minuten hatte sie alle vorbereiteten Grafiken erläutert und beendete ihren Vortrag nach regem Klopfen auf den Schreibtableaus, die ausklappbar an den Konferenzstühlen befestigt waren.

Das Programm wurde nach Graces Auftaktvortrag für eine kurze Kaffeepause unterbrochen. Grace reihte sich vorn in die Schlange am Buffet ein. Gleich dahinter versuchte Luca auf Englisch ein Gespräch mit ihr zu beginnen: „Das sind ja bahnbrechende Ergebnisse!"

Er begleitete sie an den nächstgelegenen Stehtisch. Grace stellte ihre Espressotasse gleich neben dem aus rosa Dahlien dekorierten Blumenbukett ab. Einen Moment lang sahen sie sich einfach nur an. „Damit kann man ja allerhand anstellen", sagte Luca, an seinem Cappuccino nippend.

Sie hatte mit seiner offenen, aber auch etwas provokanten Art kein Problem. Grace war auch immer sehr direkt und kam schnell auf den Punkt. „Wir werden mit dieser Geo-Engineering-Methode die Situation auf diesem Planeten für viele Menschen wieder deutlich verbessern können."

Bis in die Zweitausendzwanzigerjahre hinein hatten viele Menschen den Klimawandel nicht wirklich ernst genommen. Die Folgen waren noch nicht massiv für alle spürbar gewesen. Viele prominente Medien hatten das Thema der langfristigen Probleme, die auf die Wälder, die Landwirtschaft und die Trinkwasserversorgung zukamen, weitgehend ignoriert. Selbst von reißenden Fluten wie im Ahrtal war Monate später bei den Wahlen kaum noch die Rede gewesen. Die fossile Industrie hatte die Politik erfolgreich im Griff gehabt. Noch ein paar Jahre gutes Geld zu verdienen schien wichtiger gewesen zu sein, als die Lebensgrundlagen für die nächsten Generationen zu sichern.

Aber es gab klimatische Prozesse, die sich selbst beschleunigten. Das war wegen der Komplexität nur schwer zu vermitteln. Durch diese direkten Rückkoppelungen konnten bereits sehr früh Kipppunkte überschritten werden. Dann war das Klimasystem endgültig aus dem Gleichgewicht. Das war der Moment, ab dem die Klimakatastrophe irreversibel ihren Lauf nahm. Aber das wurde von einer breiten Öffentlichkeit als Panikmache abgetan. Dabei half jedes Zehntelgrad unterhalb der 2 °C-Grenze, das Überschreiten möglichst vieler Kipppunkte noch aufzuhalten. Es gab also schon eine zwingende Notwendigkeit, endlich durchzustarten, zumal es eine Weile dauern würde, bis sämtliche Prozesse komplett klimaneutral waren.

In den Zweitausenddreißigerjahren waren die Folgen für alle deutlich spürbarer. Dürren, Starkregen und auch weitere Extremwetterereignisse häuften sich. Einige Industriezweige

nahmen das Thema inzwischen wirklich ernst und taten nicht nur so als ob. Aber jetzt war es zu spät, den Klimawandel allein durch CO_2-reduziertes Wirtschaften in den Griff zu bekommen. Damit ließen sich zwar die Folgen verlangsamen, aber nicht mehr komplett beseitigen. Immer mehr Gelder für klimakorrigierende Techniken wurden bewilligt. Dann musste der Mensch halt das Klima designen. Aber sollte er wirklich versuchen, Gott zu spielen?
Forscherinnen und Forscher arbeiteten an Technologien, wie man das CO_2 wieder aus der Atmosphäre entfernen konnte. Aber das stieß an planetare Grenzen oder war teuer. Größere Erfolge erzielten sie mit Methoden, die einfach ins solare Strahlungsmanagement eingriffen, so wie bei einem künstlichen Vulkanausbruch.

Luca hakte nach: „Verbesserung der Situation für die Menschen: Haben Sie da gerade den Konjunktiv oder das Futur benutzt?"

„Da hätten Sie mal genauer hinhören müssen." Grace lächelte ihn an. Das Katz-und-Maus-Spiel war ganz nach ihrem Geschmack.

„Vielleicht sollten wir diese Frage bei einem gemeinsamen Abendessen noch mal genauer beleuchten?" Luca schlug den Italiener unten an der Ecke vor. Er würde dort um zwanzig Uhr einen Tisch reservieren. Grace willigte ein. Das erste Etappenziel war erreicht.

Kapitel 2

Lucas Kopf dröhnte nach all den neuen Fakten, die heute auf ihn eingeprasselt waren. Er versuchte, auf dem Bett im Hotelzimmer kurz die Augen zu schließen. Die Matratze war ganz schön hart. Es war schon nach siebzehn Uhr.
Die Grundlagen der Stratosphärischen Aerosol-Injektion reichten zurück bis in die Neunziger. Nach der Jahrtausendwende hatten Wissenschaftler dann die Daten von der Eruption des Mount Pinatubo ausgewertet. Damals waren große Mengen schwebender Tröpfchen in die Stratosphäre geschleudert worden. Dadurch sank die globale Temperatur über mehrere Monate hinweg um 0,5 °C. Die Aerosole funktionierten – um es anschaulich zu beschreiben – wie ein transparenter Spiegel. Die schwefelsäurehaltigen Tröpfchen reflektierten einen Teil der eintreffenden Sonnenstrahlen wieder zurück ins All, bevor sie unseren Planeten erreichten. So konnten sie nicht zur Erwärmung der Erdoberfläche beitragen.

Neben den Amerikanern und den Europäern schienen die Russen am weitesten mit der Geo-Engineering-Forschung zu sein. Die Wissenschaftlerin Anastasija Kusnezova hatte heute vorgeschlagen, einfach mit Spiegeln im Weltraum einfallendes Sonnenlicht zu reflektieren. Wie weit man in Asien mit dem Geo-Engineering vorangekommen war, ließ sich schwer einschätzen. Die chinesischen Forscher veröffentlichten ihre Forschungsergebnisse in der Regel nicht international. Auch auf ihrem Kontinent würden die Folgen des Klimawandels stark spürbar sein. Rund eine Milliarde Menschen waren vom Wasser des Himalaya-Gletschers abhängig. Es wurde dort für die Bewässerung der Landwirtschaft und direkt als Trinkwasser benötigt. Außerdem betraf der Meeresspiegelanstieg viele tiefergelegene asiatische Länder wie Bangladesch, Vietnam oder die indonesischen Inseln. Die vietnamesische Forscherin Linh Nguyen hatte heute vorgetragen, wie man Sonnenstrahlung reflektieren kann, wenn man die Reflexionsfähigkeit von Wolken durch Salzinjektionen erhöht.

Luca staunte sehr, woran hier so alles geforscht wurde. Irgendwie erinnerte ihn das an die Science-Fiction-Romane, die er in seiner Jugend verschlungen hatte. Er schaltete sein Telefon wieder an und wählte die Nummer seines Chefs beim BND. Der Leiter des deutschen Geheimdienstes Thomas Becker hatte sich erhofft, dass Luca auf der Konferenz in Erfahrung hätte bringen können, inwieweit man schon über den Simulationsstatus hinaus war. Nach einer kurzen Tageszusammenfassung versprach Luca, sich morgen Mittag noch einmal zu melden.

Grace gefiel ihm, sie gefiel ihm sogar sehr! Das verkomplizierte diesen Auftrag. Bislang hatte er noch immer Berufliches von Privatem trennen können …

Kapitel 3

Es war sechs Uhr morgens. Das Klingeln seines Handys wurde immer lauter. William Parker hatte die Klingeltöne seines Gerätes personalisiert. Dieses Geräusch, das an einen landenden Hubschrauber erinnerte, kündigte den amerikanischen Präsidenten Andrew Walker an.

Parker war als Chef der CIA natürlich rund um die Uhr ansprechbar. Er griff zu seinem Nachtschrank hinüber. Der grüne Button des Displays leuchtete ihm im Dunkeln entgegen. Er nahm das Gespräch an und fingerte mit der anderen Hand am Lichtschalter seiner Nachttischlampe. Parker hatte sich daran gewöhnt, dass Präsident Walker das höfliche Vorgeplänkel grundsätzlich immer übersprang.

„Ich mache mir Sorgen, ob die Vorbereitungen für TOTAL RESET reibungslos laufen!"

Parker musste erst einmal seine Gehirnwindungen aus dem Tiefschlaf befreien. „Nein, das brauchen Sie nicht! Ich habe erst gestern eines der fünfundsiebzig umgerüsteten Schwerlast-Frachtflugzeuge besichtigt. Das letzte technische Problem haben die Spezialisten der Harvard-Universität vor ein paar Wochen gelöst. Die Zerstäubung des Kalks bei den niedrigen Temperaturen in der Stratosphäre wird jetzt durch Unterdruck unterstützt. Alle Tests in der Vakuumkältekammer waren erfolgreich."

„Gut, dann bin ich beruhigt. Wir können uns keine weitere Missernte erlauben, sonst laufen die Aufstände aus dem Ruder. Am Freitag sind wieder landesweite Streiks geplant, diesmal sogar in über fünfhundert Städten! Das müssen wir vorher mit einer positiven Nachricht abwenden."

Präsident Walker räusperte sich kurz. „TOTAL RESET wird hiermit um zwei Tage vorgezogen. Wir starten jetzt bereits am Mittwoch, 02:00 a. m. Eastern Time auf der Groom Lake

Basis." Der Militärstützpunkt war ausgewählt worden, um alles im Geheimen vorbereiten zu können. Parker schluckte schwer.

Der Präsident fuhr fort: „Ich habe gerade mit Blake Bishop, dem Leiter der Basis, gesprochen. Er hat gesagt, alles sei mit zeitlichen Reserven organisiert worden. Also sollte er das ja wohl hinbekommen." Walker legte noch eine Frage an Parker nach: „Hat irgendjemand bis auf die Harvard-Leute davon Wind bekommen, worum es hier eigentlich geht?"

„Ich denke nicht. Sie wissen nur, dass wir Kalk zerstäuben wollen. Ich habe ihnen erklärt, dass das die Ozonschicht verbessern soll."

„Dann läuft ja alles bestens." Walker wünschte noch einen angenehmen Tag und legte auf.

Wieder einzuschlafen, war jetzt schwierig. Er musste sowieso in drei Stunden nach Europa zu einer Sicherheitskonferenz aufbrechen. Seine Gedanken drehten sich im Kreis. Wenn schon der Präsident so unruhig war? Früher wollten sie die Ersten auf dem Mond sein. Jetzt mussten sie den eigenen Planeten wieder auf die Spur bringen.

Kapitel 4

Um zwanzig Uhr wartete Luca in der *Trattoria Primavera*.
Das Lokal war sehr urtümlich eingerichtet. Ihm gefielen die karierten Tischdecken und die verschnörkelten dunklen Holzstühle.
Seine Familie war nach dem zweiten Weltkrieg nach Deutschland gekommen.
In der Schule hatte Luca sich durchbeißen müssen, weil er in seiner Klasse der einzige Ausländer war. Das diente ihm aber eher als Ansporn, es allen zu zeigen. Seine italienische Herkunft empfand er manchmal als Fluch, meistens aber als Segen.
Luca trug ein frisches Hemd unter seinem Sakko.
Grace hatte sich in Schale geworfen. Das rot geblümte Kleid, das eine Handbreit über den Knien endete, folgte in lockerem Abstand ihrer schlanken Linie und machte sie noch anziehender. Luca fiel es schwer, sich auf seinen Auftrag zu konzentrieren. Sie bestellten als Aperitif zwei Aperol Sprizz. Er prostete ihr zu und bot ihr das „Du" an.
Luca machte den Anfang: „Ich bin wirklich froh, dass sich unsere Wege gekreuzt haben! Also Dein Vortrag heute … wow … der hat mich echt beeindruckt! Du verbreitest Hoffnung! Hoffnung, dass wir aus diesem Klima-Schlamassel wieder herausfinden."
Da hatte er bei Grace einen Nerv getroffen: „Aha. Das ist also dein Anspruch! Mal eben so die RESET-Taste drücken! Es wäre schön, wenn das derart einfach ginge. Leider kann man das Klima mit den Methoden, die in das solare Strahlungsmanagement eingreifen, nicht exakt in den alten Zustand zurückversetzen. Im arktischen Winter, in dem zum Beispiel im Norden Skandinaviens die Sonne gar nicht scheint, kann dort logischerweise auch keine Strahlung

reflektiert werden. Deswegen lassen sich die Temperaturen an den Polen nicht so stark absenken wie am Äquator. Außerdem verändern sich die Regenmengen. Wir haben in den Simulationen versucht, diese Nebenwirkungen möglichst kleinzuhalten, aber zum Verschwinden bringen wir sie nicht. Es entstehen lokale Schwankungen der Niederschläge, insbesondere in den tropischen Bereichen."

Das Essen wurde serviert. Grace hatte ein vegetarisches Nudelgericht bestellt und Luca ein Filetsteak.

Er versuchte, sie weiter herauszufordern: „Wenn wir das Klima korrigieren können, dann brauchen wir doch gar nicht fleischloser zu essen?"

„Tja, so einfach ist das nicht. Das CO_2 bleibt ja länger in der Atmosphäre und sammelt sich an, wenn wir nicht aufhören, Treibhausgase in die Stratosphäre zu pusten. Wir können aber diese Methoden nicht immer größer skalieren, weil dann die Nebenwirkungen zu stark werden. Deshalb müssen wir über kurz oder lang sowieso CO_2-neutral werden."

Luca versuchte zu verstehen: „Das heißt, wir gewinnen nur Zeit?" Grace nickte ihm aufmunternd zu, weil ihre Erklärungen gefruchtet hatten. Er war ein aufmerksamer Zuhörer. Bildete sie sich das nur ein, oder entwickelte sich da etwas zwischen ihnen beiden?

In der Ecke hinter der Palmenbepflanzung des Restaurants entdeckte Luca auf einmal die beiden russischen Wissenschaftler, die er heute ebenfalls auf der Tagung gesehen hatte. Sie steckten ihre Köpfe zusammen, als sollte niemand hören, was sie da besprachen. Die Frau mit den schwarzen stoppeligen Haaren und der blauen Bluse mit Rüschenkragen war Anastasija Kusnezova.

Sie hatte heute den Vortrag über die Spiegel im Weltraum gehalten. Den Namen des Mannes mit dem dunkelbraun karierten Jackett und der Glatze kannte Luca nicht, aber er hatte ihn heute unter den Zuhörern ausmachen können.

Beide standen plötzlich auf und bewegten sich in Richtung der Raucherzone des Restaurants. Das dafür vorgesehene Hinterzimmer war über den Toilettengang erreichbar.
Luca entschuldigte sich bei Grace und gab vor, austreten zu müssen. Er folgte den beiden Russen in gebührendem Abstand. Dann begann er auf dem Flur in der Garderobennische mit einem Mantel zu hantieren, der nicht seiner war. So konnte er ganz nebenbei verstehen, was im Raucherzimmer besprochen wurde. Seine alten Russischkenntnisse aus der Sportschule im ehemaligen Ostberlin reichten so gerade dafür aus.
„Wann soll jetzt die Aerosol-Apparatur auf der Wostotschny Basis in Betrieb genommen werden?", fragte Anastasija Kusnezova.
„Diesen Donnerstagabend startet das Stratosphären-Projekt GIGA TERRA um dreiundzwanzig Uhr. So lautet die Entscheidung von ganz oben."
„Aber sind wir wirklich schon so weit, die notwendigen Parameter für die Konzentration der Schwefelsäure genau vorgeben zu können?"
Was für ein Volltreffer, dachte Luca. Er spitzte weiter die Ohren. „Seit wann hört denn die Politik wirklich auf die Wissenschaft? Der bei höheren Temperaturen auftauende Permafrost in Sibirien scheint den Kreml jetzt doch noch nervös gemacht zu haben. Dass dabei Methan frei wird, wollte lange Zeit niemand wissen. Dummerweise ist Methan mehr als fünfundzwanzigmal so klimaschädlich wie CO_2. Die dadurch beschleunigte Rückkoppelung wurde unter den Teppich gekehrt, weil diese Probleme nicht gleich sichtbar sind. Dass das einmal entwichene Methan nicht mehr in den Boden zurückkehrt, hätte sich ja jeder denken können. Und die logische Schlussfolgerung ist ja ziemlich einleuchtend: Irgendwann kippt das Gleichgewicht des Klimas."

Plötzlich tauchte Grace auf dem Flur auf und kam immer näher. Luca hatte sie wohl zu lange allein gelassen. „Ach, hier bist du!"
Er hielt den Zeigefinger vor die Lippen, aber es war zu spät; im Raucherraum wurden schon die Stühle gerückt. Dann war das Geräusch der Türklinke zu hören. Damit sie nicht von den beiden vorbeieilenden Kollegen erkannt werden konnten, lotste er Grace reflexartig in die Garderobennische hinein. Ihn überfiel die Angst, von den Russen angesprochen zu werden. Deshalb zog er Grace ganz behutsam an sich heran und küsste sie spontan. Das hatte er so nicht geplant. Der Kuss geriet sehr lange und sehr intensiv. Die plötzliche Nähe beschwor Gefühle in ihm herauf, die er nur schwer würde wieder stoppen können. Seine Schläfen pochten.
Grace war von der Situation einfach überrascht worden, aber das plötzliche Aufeinandertreffen ihrer Lippen entwickelte eine Art Eigendynamik. Sie hatte das nur zugelassen, weil Luca ihr verdammt gut gefiel. Ihr Herz schlug hörbar schneller. Der anfängliche Flirt begann ihre Leidenschaft zu entfesseln.
Die beiden Russen waren wieder ins Restaurant hineingegangen. Luca löste sich von Grace. Sie sah ihn atemlos an. Da waren viele Fragen in ihrem strahlenden Blick, dem Luca nur schwer widerstehen konnte. Er musste erst einmal seine Gefühle wieder in den Griff bekommen. Luca versuchte, die Situation zu erklären: „Ich wollte die beiden Russen ablenken. Sie haben im Raucherzimmer irgendetwas von einer Aerosol-Apparatur erzählt, die sie am Donnerstag in Betrieb nehmen wollen. Und dann war da noch die Rede von ungeklärten Schwefelsäuremengen."
Grace verlor die Fassung: „Das darf nicht wahr sein! Was für ein irrsinniger Zufall! Ooooh, nein!!!"

Kapitel 5

Linh Nguyen, eine der wenigen asiatischen Teilnehmerinnen der Konferenz, saß allein beim Abendessen im Restaurant ihres Hotels. Sie war außerhalb der Genfer Innenstadt untergekommen, weil ihr Forschungsinstitut sehr genau auf die Reisekostenabrechnung schaute. Zum Glück hatte sie ihren Chef überzeugen können, überhaupt an der Konferenz teilnehmen zu dürfen.

Es gab nur ein asiatisches Reisgericht auf der Karte, aber das war so fade gewürzt, dass sie den Ober um etwas Paprikachili bitten musste. Sie bestellte sich noch ein Glas Rotwein dazu und versuchte, sich zu entspannen.

Der Klimawandel war für sie bereits als junges Mädchen ein Thema. Greta Thunberg, eine schwedische Schülerin, hatte eine Menge junger Menschen auf den Plan gerufen, als sie begann, jeden Freitag vor ihrer Schule zu streiken. Immer mehr Kinder und Jugendliche erhoben ihre Stimme, weil die Erwachsenen ihre Zukunft aufs Spiel setzten. Im September 2019 hatten erstmals weltweit Millionen junger Menschen gleichzeitig beim Global Earth Strike für mehr Klimaschutz demonstriert. Tausende älterer Erwachsene waren aus Solidarität mit den jungen Leuten mit auf die Straße gegangen. Diese Bewegung hatte sogar die Heimat von Linh Nguyen erreicht. Mit sechzehn Jahren hatte Linh realisiert, dass ihre Familie in der Küstenstadt Haiphong irgendwann Probleme mit dem Ansteigen des Meeresspiegels bekommen würde. Wenn nicht endlich etwas passierte, war von einem Meter bis zum Ende des Jahrhunderts die Rede gewesen. In jedem weiteren Jahrhundert würde ein weiterer Meter dazukommen. Sie versuchte, sich zuerst im Internet alles zu dem Thema anzueignen, was sie finden konnte. Dann durchstöberte sie die Bibliotheken in der nahegelegenen Hauptstadt Hanoi.

Als sie den Schulabschluss in der Tasche hatte, schrieb sie sich für den Studiengang Geophysik ein. Es musste doch irgendeinen Weg geben, das Ganze aufzuhalten? Nach ihrer Masterarbeit über wolkenbasierte Geo-Engineering-Methoden bewarb sie sich am Institut ihrer Universität. So konnte sie, wann immer ihre Vorlesungen es zuließen, tiefer in die Grundlagenforschung einsteigen.

Zu den Methoden, die am weitesten entwickelt waren, zählte sicher die der stratosphärischen Aerosol-Injektion. Auch wenn es noch wenig Erfahrung mit der Verteilung der Tröpfchen gab, verließ man sich auf die Analogie zum realen Vulkanausbruch. Politisch gab es Bemühungen, sich mit den Großmächten und aufstrebenden Schwellenländern auf die Art der Anwendung dieser Methode zu verständigen.

Nachdem die Welt in den Zweitausendzwanzigerjahren politisch immer weiter nach rechts gerückt war, hatten die eher nationalen, egoistischen Interessen für ein Scheitern dieser Idee gesorgt. Im Bereich des äquatorialen Gürtels waren die Veränderungen der Niederschläge bei den Methoden, die das Sonnenlicht reflektierten, am stärksten. Die Großmächte in den gemäßigteren Breiten schlugen ausschließlich Parametersätze vor, die ihren Ländern zu einem Optimum verhalfen, aber zum Teil die Situation am Äquator weiter verschlechterten. Allen voran die Amerikaner. Sie spielten sich mal wieder als Weltmacht auf, obwohl sie es sich inzwischen mit vielen UNO-Gremien verdorben hatten. Linh Nguyen hoffte, dass kein Land versuchen würde, den Klimawandel im Alleingang aufzuhalten. Das wäre größenwahnsinnig. Es musste einfach bald einen Durchbruch bei den internationalen Verhandlungen geben. Ein fairer Kompromiss war notwendig. Anders würde es nicht funktionieren.

Kapitel 6

Sascha Smirnov hatte die Leitung der russischen Luft- und Raumfahrtstation Wostotschny inne. Er war bei seinen Untergebenen als aufrechter und gradliniger Vorgesetzter bekannt.
Smirnov hatte schlecht geschlafen und brauchte erst mal einen starken russischen Kaffee, um wach zu werden.
Nachdem er den mit Wodka karamellisierten Zucker angezündet hatte, löschte er das Ganze vorsichtig mit heißem Mokka ab. Das tat gut. Jetzt konnte er endlich einen klaren Gedanken fassen.
Er hatte an seinem freien Tag auf dem Laptop seiner zwölfjährigen Tochter Luna angefangen zu recherchieren, was es mit der Schwefelsäure in der Stratosphäre auf sich hatte. Smirnov wollte nicht, dass seine Arbeitskollegen ihn als Zweifler ausmachten, wenn er das auf seinem Stützpunktrechner versuchte.
Viele wissenschaftliche Artikel waren sehr einfach zugänglich. Es dauerte aber eine ganze Weile, bis er sich in den zumeist in englischer Sprache verfassten Stoff eingelesen hatte. Anfangs musste er ständig mit seiner Suchmaschine die Definitionen der Fachbegriffe nachschlagen. Das kostete viel Zeit. Aber nach ein paar Stunden stieg er einigermaßen durch. Eine gewisse technische Basis war ja noch aus seinem Studium der Luft- und Raumfahrt in Omsk vorhanden.
Also um Geo-Engineering ging es! Sie wollten das Klima verändern.
Er hatte Zugang zu Informationen mit der höchsten Geheimhaltungsstufe. Warum hatten sie ihn nicht eingeweiht? Das war schon sehr merkwürdig.
Ihn interessierte insbesondere, wie lange der Eingriff dauern würde. Er hatte sich das bei der Befehlsübergabe nicht zu

fragen getraut. Neugier zu den Hintergründen wurde nicht gern gesehen. Sie hatten es als wichtiges Experiment im Programm für Wetterforschung bezeichnet.

Aber Wetter und Klima waren absolut nicht das Gleiche. Gern wurden beide Begriffe vermengt, um Menschen in die Irre zu führen. Wetter war etwas, das man einem exakten Zeitpunkt und einem exakten Ort zuordnen konnte. Um das Klima zu definieren, brauchte man die Wetterdaten von dreißig Jahren. Es wurden globale Werte und überregionale Klimazonen definiert. Zeit und Ort waren also auf einer ganz anderen Skala. Sie hatten den ganzen Stützpunkt absichtlich in die Irre geführt.

Nachdem er fast den halben Morgen mit dem Thema zugebracht hatte, rief schon seine Frau ungeduldig von unten, dass in zwanzig Minuten das Essen auf dem Tisch stehen würde. Endlich hatte er den passenden Artikel im Magazin *Nature* heruntergeladen. Da las er ganz erstaunliche Dinge. Wenn man einmal eine sehr große Menge Aerosole in der Stratosphäre zerstäubt hatte, dann war man im sogenannten Lock-in-Effekt gefangen. Die Aerosole hielten sich dort zwar mehrere Monate. Aber wenn man die Methode abbrach, erfolgten die Veränderungen schneller als ohne Klimawandel. Es gab also kein Zurück mehr. Wenn man einmal damit begonnen hatte, musste die Aerosol-Zerstäubung weitergehen.

Für GIGA TERRA war ein großer edelgashaltiger Ballon vorbereitet worden, der mit einem langen Schlauch von einem Meter Durchmesser mit der Erde verbunden war. Dort wurde Schwefeldioxid eingeleitet. Am Ende des Schlauches, also kurz vor dem tragenden Ballon, erfolgte dann die Zerstäubung zu einem schwefelsäurehaltigen Aerosol. Damit sollte eindeutig nicht das Wetter, sondern das Klima verändert werden.

Jetzt verstand er die Geheimhaltung bei dem Projekt. Gut, dass er nicht den Rechner auf der Luft- und Raumfahrtstation benutzt hatte. Seine Intuition, keine dummen Fragen zu stellen, war die Richtige gewesen.

Dem Thema Klimawandel stand er grundsätzlich offen gegenüber. Wegen seiner kleinen Tochter fragte er sich schon, was für eine Welt die heutigen Erwachsenen der nächsten Generation hinterließen.

China und Amerika führten die Weltrangliste der CO_2-Emissionen an, gefolgt von Indien und Russland. Betrachtete man die ganzen EU-Länder gemeinsam, dann schob sich die EU an die dritte Stelle dieser Negativ-Rangliste. Die großen und bevölkerungsreichen Industrie- und Schwellenländer mussten also etwas verändern. Die Lösung war eine Stromproduktion ohne Kohle, Öl und Gas. Mit Strom aus erneuerbaren Energien konnten dann Technologien wie elektrische Wärmepumpen, Elektrofahrzeuge, Wasserstoffspeicher oder synthetische Kraftstoffe nachziehen, sodass sich weitere grüne Sektoren etablierten.

Russland hatte lange am Erdgas festgehalten, um nicht zu sagen geklammert. In der Bilanz war das erst einmal besser als Kohle. Rechnete man aber die Methanleckagen bei der Erdgasförderung dazu, dann war kaum noch ein Unterschied da. Insbesondere das Fracking, bei dem giftige Flüssigkeiten in Schiefergestein gepresst wurden, um an das Erdgas zu gelangen, war sehr umstritten.

Jetzt also Geo-Engineering. War GIGA TERRA die Lösung? Smirnovs Zweifel waren durch die Recherche nicht kleiner, sondern größer geworden. Konnte er das mittragen? Der Eingriff des Menschen in diese natürlichen Prozesse kam ihm schon irgendwie gespenstisch vor.

Smirnov hörte seine Tochter die Treppe hinaufkommen.

Dass er zum Abendessen gerufen wurde, war eine willkommene Ablenkung. Schnell klappte er den Laptop zu und versteckte ihn unter seinem Kopfkissen im Ehebett.

„Hallo, Luna." Er hoffte, dass sich seine Tochter nicht nur wegen ihres Namens später für seine Arbeit begeistern würde. Seine Frau interessierte sich nur wenig für den Weltraum und seine unendlichen Weiten.

„Was machst du da, Papa?"

„Ich habe mir ein wenig Ruhe gegönnt. Die Arbeit ist manchmal so verdammt kräftezehrend."

„Können wir nach dem Essen draußen ein wenig Federball spielen? Dann zeige ich dir mal, was wirklich anstrengend ist!"

Er war froh, dass Luna zurzeit den Ernst des Lebens ein wenig vor sich herschieben konnte. Erwachsen werden würde sie noch schnell genug.

Luna war nicht seine leibliche Tochter. Aber es fühlte sich so an, als wäre sie es. Er hatte seine Frau Jelena kennengelernt, als Luna ein Jahr alt war. Jelena hatte einiges hinter sich. Die Erziehung ihrer Eltern war sehr einengend gewesen. Der Vater war Lehrer an einer staatlichen Schule in Omsk. Er war Mitglied der Partei und arbeitete im Hintergrund an seiner politischen Karriere. Ihre Mutter führte den Haushalt und überwachte sehr genau, womit sich Jelena und ihre beiden kleineren Brüder beschäftigten. Ständig gab es Diskussionen, wenn sie in der Schule nur durchschnittliche Leistungen erzielte. Aber ihr lag das Lernen nun einmal nicht so wie ihren beiden Brüdern. Sie bewies viel Geschick im künstlerischen Bereich. Aber das sahen ihre Eltern nicht und förderten es schon gar nicht. Jelena liebte es zu zeichnen. Mit dem Bleistift gelangen ihr hervorragend schattierte Skizzen. Ständig krittelte ihre Mutter an diesem nutzlosen Hobby herum. Wenn sie mit Ölfarben experimentieren wollte, musste sie das heimlich im Keller tun. Sie wartete ab, bis ihre Mutter zum Einkaufen aus dem Haus ging oder bei den Nachbarinnen zum Kaffeeklatsch eingeladen war.

Das konnte nicht ewig gutgehen. Dem Kleineren der beiden Brüder rutschte beim Abendessen etwas zu Jelenas künstlerischen Gehversuchen im Kellergewölbe heraus. Sofort stürmte ihre Mutter nach unten und konfiszierte alle Farben und Pinsel, deren Erwerb sich Jelena mühsam vom Taschengeld finanziert hatte. Sie zerstörte sämtliche Bilder, die sie dort fand. Als Jelena sich nach ein paar Minuten in den Keller hinuntertraute, sah sie, wie ihre Mutter den letzten Kunstwerken mit einer Schere den Garaus bereitete.

Sie brach in Tränen aus. Aber keiner in der Familie spendete wirklichen Trost. Nur ihr kleiner Bruder bemerkte, was er angerichtet hatte. Er schlich am Abend an ihr Bett und bat sie um Verzeihung.

Weil sie froh über sein Mitgefühl war, fiel es ihr nicht einmal schwer, dieser Bitte stattzugeben.

Jelena beendete ihre künstlerischen Ambitionen, solange sie noch zu Hause lebte. Der einzige Ausweg schien ihr eine Heirat zu sein, um ihr Elternhaus hinter sich zu lassen. Bei einem Tanzkurs lernte sie dann einen jungen Mann kennen, der gerade seine Ausbildung bei einer großen Bank in Omsk begonnen hatte. Er machte einen netten Eindruck. Zwar war es nicht Liebe auf den ersten Blick, aber sie war sich sicher, dass ihre Eltern nichts gegen diese Beziehung einzuwenden hatten.

Sie trafen sich ein paar Mal zum Spaziergang im Wald. Ihre Mutter wähnte Jelena immer bei ihrer besten Freundin.

Dann folgte eine Einladung ins Kino. Es lief ein spannender Agententhriller. Der junge Mann spendierte Jelena eine Packung frisches Popcorn. Als die Verfolgungsjagd richtig brenzlich wurde, nahm er ihre Hand. Jelena gefiel das. Sie war inzwischen siebzehn Jahre alt und kam sich zum ersten

Mal richtig erwachsen vor. Jelena hatte sich extra von ihrem Taschengeld ein rosafarbenes Kleid aus dem Pfandhaus geliehen und das erste Mal in ihrem Leben versucht, etwas Lippenstift aufzutragen. Nach dem Ende der Vorstellung gingen sie zurück durch den Wald und setzten sich in der bereits stark fortgeschrittenen Dämmerung auf eine Bank. Er küsste Jelena. Als er sie an die Hand nahm und ins Gebüsch zog, wusste sie gar nicht, wie ihr geschah. Aufklärung war für ihre Eltern immer ein Fremdwort gewesen.

Manchmal hatten ein paar Freundinnen etwas getuschelt, aber Jelena verstand davon nur die Hälfte. Sie besaß kein Handy, um sich selbst im Internet zu informieren. Das hatten ihr ihre Eltern nie erlaubt.

Jelena ließ alles über sich ergehen. Sie dachte, das gehöre einfach dazu, bevor man heutzutage heiratete. Diesen Eindruck hatten ihre Freundinnen ihr vermittelt. Aber sie war vom Regen in die Traufe geraten. Der nette Bankangestellte wollte von ihr danach nichts mehr wissen.

Als ihr Bauch immer dicker wurde, schleppte ihre Mutter sie zu einem Frauenarzt und dann war das Gezeter groß. Ihr Vater wollte wissen, von wem sie sich ein Kind hatte andrehen lassen.

Jelena erzählte, was geschehen war. *Sie* hatte es ja zugelassen. Was sollte es jetzt noch bringen, den Erzeuger ihres Kindes in die Zange zu nehmen? Jelenas Vater tobte. Ihre Mutter schämte sich so sehr, dass sie versuchte, Jelena noch mehr zu Hause zu isolieren.

Der einzige Lichtblick Jelenas war die kleine Tochter, die sie zur Welt gebracht hatte. Sie taufte sie auf den Namen Luna. Jelena kümmerte sich liebevoll um die Kleine. Immer, wenn der Mond nachts auf die Wiege schien und sie in Lunas kleines unschuldiges Gesichtchen blickte, dann hoffte sie, irgendwann doch noch zusammen mit ihrer Tochter aus den Mauern ihres Elternhauses ausbrechen zu können.

Jelena versuchte mehrmals in der Woche mit dem Kinderwagen an die frische Luft zu kommen. Das traute sie sich immer nur dann, wenn ihre Mutter sich für mehrere Stunden verabschiedet hatte. Diese Spaziergänge führten sie oft in den nahegelegenen Stadtpark. Dort ließ sie ihre Tochter bei gutem Wetter mitten auf dem Rasen mit ihrem Ball spielen. An einem warmen Morgen mitten im Juni hatte sich Lunas Ball mal wieder zu sehr dem Gehweg genähert. Sie taperte hinterher.
Sascha hatte mit zwanzig Jahren sein Studium in Omsk begonnen. Er versuchte manchmal, in der Mittagspause zwischen den Vorlesungen etwas abzuschalten und lief ein paar Schritte durch den Park. Ihm war das hübsche Mädchen mit der kleinen Schwester bereits mehrmals aufgefallen. Sie hatten angefangen, sich zu grüßen.
Als an diesem späten Vormittag die Kleine plötzlich auf ihn zukrabbelte, blieb er sofort stehen und stoppte den Ball, der auf den Gehweg kullerte.
Sascha ging in die Knie und versuchte mit ein wenig Gestik, von Luna registriert zu werden. Jelena kam herübergelaufen, wild den Namen ihrer Tochter rufend, denn die Straße am Gehweg war befahren. Endlich angekommen, nahm sie ihre Kleine auf den Arm. Sascha sprach sie an: „Habe ich richtig gehört? Luna?! Was für ein schöner Name! Der hat sogar etwas mit meinem Studium zu tun!" Als Jelena den jungen Mann verwundert anschaute, erklärte dieser weiter: „Weil mich von klein auf der Mond so fasziniert hat, habe ich mich für die Luft- und Raumfahrttechnik dort drüben an der Universität eingeschrieben." Sein Arm zeigte in Richtung des modernen Gebäudekomplexes.
Jelena fiel auf, dass der Ballretter großgewachsen und ziemlich attraktiv war, mit seinen strahlend blauen Augen und dem feingeschnittenen Gesicht. Ihr Lächeln wurde immer

breiter: „Ja, meine Tochter ist auch ganz mondsüchtig. Immer wenn der Mond scheint, dann will sie nicht einschlafen."
Sascha drückte sein Erstaunen aus: „Deine Tochter? Ich habe Luna immer für deine Schwester gehalten."
Jelena antwortete: „Das denken die meisten. Und *du* – hast du was gegen junge alleinerziehende Mütter?"
Sascha schüttelte den Kopf. „Nein, das ist mir vollkommen egal."
Diesmal war Jelena an den Richtigen geraten. Sascha meinte es wirklich ernst mit ihr. Er hatte einen bodenständigen Charakter. Als sie ihn nach ein paar Wochen ihren Eltern vorstellte, waren beide einfach nur erleichtert, dass sich der Schandfleck im Lebenslauf ihrer Tochter vielleicht doch noch ausmerzen ließe. Sascha schloss so schnell wie möglich sein Studium ab und bewarb sich bei der Luft- und Raumfahrtüberwachung in Moskau. Er wurde angenommen und suchte anschließend gemeinsam mit Jelena nach der richtigen Wohnung.
Jelena war so glücklich, einen Mann gefunden zu haben, der sie diesen schrecklichen Abend im Wald vergessen ließ. Sie widmete sich wieder ihrer Kunst und begann sogar auszustellen. Beide kümmerten sich liebevoll um Luna. Sascha war froh, dass er eine glückliche Familie um sich hatte. Sie war sein Ein und Alles.

Kapitel 7

Luca spähte um die Ecke des Toilettenflurs. Die beiden Russen hatten bezahlt und waren gegangen. Grace und er kehrten zurück an ihren Tisch. Luca war heilfroh, dass Grace ihm vor der Garderobe keine Szene gemacht hatte. Dann wäre womöglich alles aufgeflogen.
Stattdessen hatte sich unerwartet ein wunderschöner Moment ergeben. Er hatte sich Hals über Kopf in Grace verliebt. Aber jetzt musste er erst einmal herausfinden, weshalb sie so außer Fassung geraten war. Die Realität hatte sie eingeholt. Den Kuss überging er deshalb. „Was ist denn so schlimm an den russischen Plänen?"
Grace war immer noch ganz durcheinander. Ihr war sekundenlang bewusst gewesen, dass sie selbst nicht vermocht hatte, ihre Lippen wieder von denen Lucas zu lösen. Sie war emotional sehr aufgewühlt. Die Nachricht von dem Gespräch der Russen hatte sie so sehr geschockt, dass es ihr jetzt schwerfiel, an der Geheimhaltung festzuhalten, die man ihr eingebläut hatte. Sie musste erst einmal ihr Gefühlschaos sortieren. Grace atmete tief durch. „Mir war klar, dass es so eine Art Wettlauf gibt. Aber dass die Russen jetzt genau einen Tag vor unserer TOTAL-RESET-Mission loslegen, ist einfach unglaublich! Es bleibt ja nicht unbemerkt, wenn eine Nation im Alleingang in die Stratosphäre eingreift, weil der Himmel dann nicht mehr so blau ist, sondern mit der Zeit weißer wird. Dann wären alle anderen gewarnt. Aber wenn das zwei Nationen so kurz hintereinander tun, ohne voneinander zu wissen, können sie den Eingriff des anderen gar nicht registrieren. Das Klima würde dann durch die Doppelung der Effekte zu stark abkühlen."
Luca war sprachlos. Zuerst am Donnerstag GIGA TERRA und dann am Freitag TOTAL RESET. Dass sein Chef ihn

ausgerechnet auf so ein heißes Eisen angesetzt hatte, damit hatte er nicht gerechnet. Endlich bekam Luca eine Chance, sich zu beweisen. Seine Zahnräder im Gehirn fingen an zu rattern. Was war zu tun, um das Ganze noch aufzuhalten?

Grace war mit den ganzen Problemen aber noch nicht am Ende: „Und wenn die Russen jetzt mit Schwefelsäure arbeiten wollen, dann mache ich mir Sorgen, weil das nachweislich die Ozonschicht schädigt. Das wissen wir aus den realen Vulkanausbrüchen. Genau dieses Problem habe ich ja heute Morgen in meinem Vortrag erläutert. Wir wollen es deshalb mit Kalk versuchen. Lange waren wir nicht sicher, ob wir damit die gleiche Wirkung erzielen. Aber unsere Pilotversuche zeigen in kleinem Maßstab, dass es funktioniert."

Die Synapsen in Lucas Gehirn liefen heiß. Dann war es anscheinend sinnvoll, die Russen einzubremsen. Das würde die Ozonschicht retten. Er hatte gute Kontakte zu deren Geheimdienst. Dass er Russisch sprach, hatte ihm dabei immer geholfen. In Warschau arbeitete Valentin Petrov im Untergrund. Wenn er ihm alles erklärte, vielleicht konnten sie dann gemeinsam das Ganze noch abwenden. Grace sollte ihre Kontakte nutzen und auf amerikanischer Seite ihr Möglichstes versuchen. Sie durfte auf keinen Fall von seinem Auftrag wissen, das würde das zarte Band des Vertrauens, das sie jetzt verband, wieder zerreißen.

Grace sah Luca mit sehr ernsten Augen an. Ihr war immer die Tragweite ihrer Arbeit bewusst gewesen. Aber die Verantwortung für diese schwierige Situation wog extrem schwer. Sie war froh, sich mit Luca beraten zu können. Sonst hätte sie das nicht ausgehalten.

Sie fragte ihn fast in einer Art Gedankenübertragung: „Soll ich morgen mit meinem Institutsleiter Kontakt aufnehmen? Aber wie können wir die Russen warnen?"

Luca antwortete: „Ich kenne jemanden in Warschau, der vielleicht helfen kann. Am besten mache ich mich sofort auf den Weg zum Flughafen, um den nächstbesten Flieger dahin zu ergattern …"

Normalerweise rümpfte sie immer die Nase, wenn jemand bei solchen Distanzen gleich ans Fliegen und nicht an den Schnellzug dachte. Aber diesmal sparte sie sich den Kommentar. Sie hatten gerade gravierendere Sorgen. Das ganze Klima hing am seidenen Faden. „Wie bleiben wir in Verbindung?", wollte Grace wissen.

„Gib mir deine Nummer und dann wirst du mich so schnell nicht mehr los." Er zwinkerte leicht mit dem linken Auge, als er das sagte. Sofort musste sie daran denken, was vorhin in der Garderobe passiert war. Seit sieben Jahren lebte sie jetzt alleine. Sie hatte sich immer so sehr einen Partner gewünscht, der sich auch für ihr berufliches Engagement interessierte. Kaum hatte es endlich mal wieder gefunkt, kam diese Katastrophe dazwischen. Nun ja. Hoffentlich hatte er das ehrlich gemeint.

Luca winkte dem Kellner zu. Sie teilten sich die Rechnung und verließen das Restaurant. Als Luca Grace zurück zu ihrem Hotel brachte, stand draußen vor dem Eingang Urs Alder, der die Konferenz eröffnet hatte, zusammen mit Anastasija Kusnezova. Sie rauchten wohl ihre letzte abendliche Zigarette gemeinsam. Mist, ausgerechnet die Russin! Als sie um die Ecke bogen, schloss Luca sofort sein Jackett. Vorhin im Toilettenflur hatte er nur sein Hemd angehabt und war hoffentlich von hinten nicht als einer der Konferenzteilnehmer erkannt worden.

Der Abschied von Grace am Hoteleingang fiel nun eher förmlich aus. Als er sie kurz an sich drückte, fing er bereits an, sie zu vermissen. Auch Grace fühlte sich in dieser Situation seiner Nähe beraubt. Wo sollte das nur enden?

Kapitel 8

Luca landete am Dienstagmorgen um zehn Uhr in Warschau. Valentin Petrov aufzuspüren, war nicht so einfach. Luca hatte keine Telefonnummer von ihm. Bisher war immer Petrov mit *ihm* in Kontakt getreten, indem er Luca auf unterschiedliche Art und Weise Nachrichten zukommen ließ. Einmal hatte Luca im Hotel einen Brief auf dem Nachtschrank gefunden. Ein anderes Mal wurde er von einem Taxifahrer angesprochen. Jetzt hatte er nur maximal bis Donnerstag Zeit, um Petrov zu finden.

Heute Morgen konnte Luca endlich seinen Chef informieren. Der war aus allen Wolken gefallen. Sie hatten verschiedene Alternativen diskutiert. Aber wenn Luca sich darum kümmerte, war das einfach die beste Option – wegen seiner Kontakte und seiner Sprachkenntnisse. Endlich gab man ihm die Chance, sich zu beweisen! Er musste sie nur noch nutzen.

Zuerst ging Luca dorthin, wo er beim letzten Mal mit Valentin Petrov verabredet war: ins *Restauracja Portenowa*. Nachdem er sich ein paar Pierogi bestellt hatte, kam er mit dem Kellner ins Gespräch: „Ich suche einen alten Freund. Ich glaube, er speist öfters hier. Er hat gelockte braune Haare und trägt immer schwarze Hosenträger unter seinem Sakko."

Der Kellner verstand nur einigermaßen Englisch.

Luca versuchte, über Gesten die Locken und die Hosenträger nachzumachen. Jetzt brauchte der Kellner nicht lange zu überlegen. Nach wenigen Sekunden hellte sich sein Gesicht auf und er antwortete mit polnischem Akzent: „Ja, ich glaube, ich weiß, wen Sie meinen; meistens kommt er am Mittwoch gegen Mittag hierher."

Luca war erleichtert. Immerhin ein Lichtblick.

Nachdem Luca aufgegessen hatte, bedankte er sich mit einem großzügigen Trinkgeld bei dem Kellner. Ihm blieb nichts weiter übrig, als abzuwarten.
Er schlenderte über den restaurierten Platz vor dem Restaurant und bestaunte die von einem Brunnen eingerahmten kämpferischen Meerjungfrauen in der Mitte. Das Geprassel der Wasserspiele beruhigte Lucas Nerven.
Sein Weg führte ihn durch die Warschauer Altstadt, Richtung Weichsel. Die ganze Zeit dachte er an Grace.
Er konnte den intensiven Kuss einfach nicht mehr vergessen. Aber ihn beschäftigte auch der Gedanke, wie sie wohl mit der ganzen Situation umgehen würde. Konnte sie erreichen, dass die amerikanische Mission ausgesetzt wurde? Oder … wollte sie das überhaupt? Ihre mühsam erarbeiteten Forschungsergebnisse waren dann wertlos … Hätten sie sich unter anderen Umständen kennengelernt, wäre Zeit für eine behutsam wachsende Romanze gewesen. Jetzt stand der mögliche Crash des Weltklimas im Vordergrund.
Luca hatte nach zwei Scheidungen eigentlich erst mal das Alleinsein genossen. Sein Beruf war eine immense Belastung für jegliche Beziehung. Die vielen Reisen weckten immer wieder Misstrauen. Und da er nicht offen über seine Arbeit sprechen konnte, stand er bei seinen Partnerinnen immer unter dem Verdacht der Untreue. Da halfen auch alle Beteuerungen wenig. Er hatte sich eine Tarnung als Außendienstmitarbeiter einer Security-Firma zugelegt. Aber das hielt einer ernsthaften Recherche nicht lange stand. Seine erste Frau hatte schon nach ein paar Anrufen diese falsche Identität offengelegt und ihn danach rausgeworfen. Lügen waren keine gute Basis für eine Beziehung. Seine zweite Ehe scheiterte dann an der Eifersucht seiner Partnerin.
Irgendwann hielt er ihre Unterstellungen nicht mehr aus und zog einen Schlussstrich.

Alle Frauen, die er danach traf, beäugte er – was das anging – doppelt, bevor er sich auf irgendetwas Festeres einließ. So war er beziehungstechnisch immer wieder bei null angekommen.

Kapitel 9

Grace hatte sich nach einer schlaflosen Nacht wieder etwas gefangen. Es war Dienstagmittag. In etwa zwei Stunden konnte sie das Institutssekretariat an der Ostküste erreichen. Sie überlegte, wie sie am besten das Gespräch mit ihrem Chef John Delaware beginnen sollte. Von Luca durfte sie nichts erzählen, das war ihre Privatsache. Sie hätte ihn ja gar nicht einweihen dürfen. Trotzdem bereute sie das nicht. Dass er Kontakte nach Russland hatte, war doch jetzt außerordentlich nützlich!
Sie musste es anders versuchen.
Vielleicht hatte sich die russische Kollegin einfach beim Abendessen verhaspelt? Ja, die Andeutung war ihr vor lauter Stolz, dass sie nicht hinter der amerikanischen Forschung hinterherhinkten, rausgerutscht …
An wen würde sich John Delaware wohl wenden? Na ja, das war nicht ihr Problem. Würden die Amerikaner den Auftakt der Mission abbrechen oder würden sie womöglich versuchen, das russische Unterfangen zu verhindern?
Hoffentlich gab es irgendeine Lösung. Nachdem sie John Delaware morgens alles erklärt hatte, ging es ihr besser. Sie hatte ihren Teil zur Lösung beigetragen, nun waren andere am Zug. Mit der eigentlichen Transport-Flugzeugstaffel hatte sie kaum etwas zu tun gehabt. Es gab lediglich von den zuständigen Ingenieuren Anfragen zum Partikeldurchmesser und den notwendigen Injektionsmengen. Grace wusste nur etwas von fünfzig extra umgebauten Transportflugzeugen, die rund um die Uhr den Kalk in die Atmosphäre zerstäuben sollten.

Grace wollte nach ihrem Vortrag eigentlich in Rom Urlaub machen. Sie war dort am Wochenende mit ihrer Mutter verabredet. In den letzten zehn Jahren hatte sie nur noch einmal einen Flug nach Europa gebucht. Weltweit waren Flugreisen rückläufig, weil die Angst vor Pandemien durch die zahlreichen Corona-Mutationen nie mehr wirklich abgeebbt war. Auch begriffen inzwischen immer mehr Menschen, dass die Vielfliegerei den Klimawandel beschleunigte. Jetzt, da Grace erwartete, kurz vor einer Verschnaufpause des Klimaproblems zu stehen, hatte sie sich wieder einen Flug zugestanden und diesen gleich mit ihrem Urlaub kombiniert.

Ein Rückruf von John Delaware riss sie aus ihren Gedanken: „Delaware hier. Sie müssen sich heute gegen Abend mit William Parker in der Hotellobby treffen. Er ist der Direktor des CIA und will von Ihnen alle Einzelheiten zu der russischen Mission wissen. Er hält sich gerade in Europa auf."
Grace wurde ganz mulmig: „Was hat denn der CIA damit zu tun?"
Delaware antwortete: „Dem Geheimdienst obliegt die Koordination der Transport-Flugzeugstaffel. Das Ganze ist ja kein öffentliches Unterfangen."

Grace war sehr erschrocken darüber, dass der CIA-Chef sie sprechen wollte. Eigentlich war ihr Plan gewesen, sich aus den ganzen Schwierigkeiten rauszuhalten. Sie war Forscherin und keine Politikerin und erst recht nicht dem Geheimdienst verpflichtet. Die Wissenschaft schlug Maßnahmen vor, die Entscheidungen wurden woanders gefällt. Grace kannte die Diskussion, dass auch die Forschung eine ethische Verantwortung hatte. Letztendlich konnten die Wissenschaftlerinnen und Wissenschaftler ja entscheiden, welche Ergebnisse sie offenlegten und welche sie vielleicht auch für sich behielten. Die Tragik dieser Verantwortung hatte Grace immer an der Person Albert Einsteins festgemacht.

Seine Formel $E = m * c^2$ hatte den Bau der Atombombe ermöglicht. Sie kannte ein Zitat von ihm, das im Büro einem ihrer Kollegen hing: *‚Ich sage nicht, dass die USA die Bombe nicht herstellen oder bereithalten sollte, denn ich glaube, dass es nötig ist; Amerika muss andere Nationen, die ebenfalls über die Bombe verfügen, davon abhalten können, einen Atomkrieg zu beginnen.'*
Einstein hatte nie einen Erstschlag beabsichtigt. Aber wohin das Ganze geführt hatte, war ja bekannt. Im August 1945 warf Amerika die erste Atombombe über dem Stadtkern von Hiroshima ab, gefolgt von einem zweiten Abwurf in Nagasaki nur drei Tage später. Beide Angriffe töteten sofort mehr als hunderttausend Japanerinnen und Japaner, weitere Hundertdreißigtausend starben unter Qualen bis zum Ende des Jahres an ihren inneren Verletzungen. Bis heute litten etliche Menschen unter den Folgen dieser verheerenden Tat.
Eigentlich hatte Grace das Problem immer verdrängt, dass auch durch das Geo-Engineering Menschen zu Schaden kommen konnten. Jetzt machte sich allmählich Verzweiflung in ihr breit, dass sie am Ende um die Verantwortung für die Konsequenzen ihrer Forschung nicht mehr drum herumkam. Ihr stiegen Tränen in die Augen und sie hoffte, dass vielleicht Luca ihr bei diesem Weg aus dem Desaster helfen konnte. Er würde sich sicher bald melden und dann könnte sie ihr Herz ausschütten.

Grace machte sich kurz frisch und versuchte, sich bei einem Spaziergang am Genfer See wieder zu beruhigen. Die Aussicht auf die bebauten kleinen Inseln inmitten der Rhône war herrlich und lenkte sie ein wenig ab. Was könnte Parker von ihr wollen? Sie durfte auf keinen Fall etwas über Luca erzählen. Sie wusste, dass sie sonst Ärger bekommen würde.

Um 21 Uhr saß sie in der Hotellobby und wartete auf Parker. Etwa nach einer Viertelstunde betrat ein Mann in einem grauen Mantel und sehr kurz rasierten Haaren die Lobby. Er schaute sich um und grüßte in ihre Richtung.

Der CIA-Chef hatte kein Problem gehabt, Grace zu erkennen. Ihr Foto konnte man überall im Netz finden. Parker stellte sich kurz vor und gab ihr die Hand. Es herrschte von Anfang an eine tiefe Abneigung zwischen beiden. So empfand es zumindest Grace. Er bat sie, im Hotelrestaurant auf ihn zu warten, während er kurz auf dem Zimmer die Kleidung wechseln wollte.

Nach einer weiteren Viertelstunde erschien Parker im Restaurant und setzte sich zu ihr an den Tisch. Während er die Karte überflog, bat er sie, kurz zu erzählen, was passiert war. Grace wiederholte die Geschichte von der für Donnerstag geplanten russischen Mission mit der Aerosol-Apparatur, die sie bereits John Delaware erzählt hatte.

Noch bevor das Essen serviert wurde, kam sie sich vor wie in einem Kreuzverhör: Ob sie jemandem davon erzählt habe? Ob sie wüsste, zu welchem Institut Anastasija Kusnezova gehöre? Ob Schwefelsäure genauso wie Kalk wirken würde? Und ob die beiden Stoffe miteinander reagieren könnten? Grace beantwortete alle Fragen so gut sie konnte.

Parker hatte ein Detail wissen wollen, das auch ihr heute Nachmittag beim Spaziergang das erste Mal durch den Kopf gegangen war. Reagierten beide Substanzen eventuell miteinander? Sie war keine Chemikerin. Ganz grob hatte sie aber auf die Schnelle recherchiert, dass bei der direkten Reaktion beider Substanzen CO_2 entstand. Dann würde es nicht kälter, sondern womöglich noch wärmer werden. Sie merkte erneut, wie ihr alles über den Kopf wuchs. Warum hatten sie so etwas nicht in den Pilotversuchen ausprobiert? Einfach nur dumm gelaufen!

Nachdem Parker seine Fragerunde beendet hatte, stellte Grace ihm einfach direkt *ihre* alles entscheidende Frage: Ob man nicht einfach auf die amerikanische Mission verzichten könne, die ja nach der russischen starten würde?

Das Essen wurde serviert. Grace war inzwischen der Appetit vergangen. Sie stocherte in ihrem Salat.

Nach einer peinlichen Stille antwortete Parker endlich. Er sprach sehr leise: „Wir haben den Beginn unserer Mission zwei Tage vorgezogen, auf Mittwoch früh."

Grace war sprachlos. Sie starrte ihn an. Alles kam ihr vor, wie in einem Film. Das Kartenhaus stürzte noch weiter zusammen. „Aber wie soll das gehen, unseren eigenen Start haben wir in der Hand, aber den russischen können wir nicht beeinflussen. Wir werden eine noch größere Klimakatastrophe auslösen."

Parker antwortete: „Das lassen Sie mal meine Sorge sein. Sie verhalten sich einfach ganz still und reden mit niemandem darüber."

Eigentlich hätte Grace froh sein müssen über diese Antwort, die sie aus der Verantwortung nahm. Aber sie hatte heute Mittag einen Wendepunkt überschritten, der sie das inzwischen anders beurteilen ließ. Außerdem konnte sie Parker nicht über den Weg trauen.

Ihre einzige Hoffnung war jetzt Luca. Wie dumm, dass sie sich seine Nummer nicht hatte geben lassen. Hoffentlich meldete er sich heute noch. Sie vermisste die Geborgenheit, die er ausgestrahlt hatte und vor allem sein verschmitztes italienisches Lächeln. Grace dachte darüber nach, dass sie noch nicht einmal dazu gekommen war, Luca zu fragen, wo er herkam und was er beruflich so machte …

Kapitel 10

CIA-Chef Parker versuchte spätabends den amerikanischen Präsidenten zu erreichen. Walker mochte es nicht, wenn er seine Termine für dringende Telefonate unterbrechen musste und würde sicher unwirsch werden. Aber Parker war von Kindesbeinen an einen strengen Ton gewohnt.

Parkers Vater hatte bei der amerikanischen Armee im Zweiten Weltkrieg gedient und den Angriff auf Pearl Harbour nur knapp überlebt. Im Bombenhagel war sein rechtes Bein völlig zerfetzt worden, als er mit einer Handvoll Soldaten an der Flak ausgeharrt hatte. Nur der schnellen Entscheidung eines Sanitäters, sein Bein zu amputieren, hatte er sein Leben zu verdanken. Seit dem Angriff war er rechts komplett taub und links extrem schwerhörig.

William Parker sollte als kleiner Junge ständig Rücksicht auf seinen Vater nehmen. Das hatte ihm seine Mutter eingebläut. Wenn die anderen Jungs draußen Baseball spielten, musste er seinen Vater beim Spaziergang unterstützen.

Krücken lehnte dieser ab. Für einen zehnjährigen Jungen war es körperliche Schwerstarbeit, die ganze Last eines Erwachsenen abzufedern. Sie hatten seinem Vater den höchsten Armeeorden verliehen, aber was nützte das schon? Sein Vater haderte mit seinem Schicksal und ließ außerdem seine zermürbende Laune immer an ihm aus. Und dann das ständige Schreien, damit er ihn verstand. Hin und wieder bekam sein Vater dann auch noch epileptische Anfälle, die eine Folge der Kriegsverletzung waren. Dann drehte sich alles nur noch um ihn. Seine Mutter war in diesen Phasen immer ganz aufgelöst und verzweifelt.

William hasste seinen Vater und er hasste auch die Asiaten, die an seiner persönlichen Misere schuld waren. Er wollte niemals in seinem Leben in so eine Lage kommen, in der er nicht mehr alle Fäden selbst in der Hand hatte. So eine Hilflosigkeit würde er nicht zulassen. Das hatte er sich geschworen.

Als Parker siebzehn Jahre alt geworden war, starb sein Vater während eines epileptischen Anfalls. Parker war allein zu Haus und hatte nicht den Notarzt gerufen, weil er die Situation unterschätzte – oder unterschätzen wollte? Sein Vater hatte Schaum vor dem Mund und verkrampfte mehr als sonst. Er wimmerte vor lauter Elend vor sich hin. Selbst als er leblos schien, unternahm Parker nichts, sondern beobachtete die ganze Situation nur aus einer sicheren Entfernung.

Als Parkers Mutter vom Einkaufen nach Hause kam, rief sie den Notarzt, der nur noch den Totenschein ausstellen konnte. Parker empfand keine Schuld, nur eine gewisse Erlösung. Endlich war er frei von der Verantwortung, sich um seinen Vater kümmern zu müssen und konnte sein eigenes Leben beginnen. Manchmal sah er allerdings im Traum die Augen seines Vaters vor sich, die ihn in den letzten Sekunden seines Lebens durchdringend angestarrt hatten.

Den Vorwurf seiner Mutter, nicht eingegriffen zu haben, wiegelte er mit ein paar Notlügen ab, dass er wegen des lauten Fernsehers nichts mitbekommen habe.

Parkers Mutter wollte, dass er auch bei der Armee einstieg. Das konnte er nicht nachvollziehen, nachdem, was seine Eltern durchgemacht hatten. Der Vietnamkrieg war noch nicht lange vorbei. Parker hatte als Kind die Bilder live im Fernsehen verfolgt. Er wollte nicht wie sein Vater als Kanonenfutter enden. Um dem Wunsch seiner Mutter entgegenzukommen, war seine Bedingung für ein Einlenken eine gewisse Distanz zu den Schlachtfeldern dieser Welt.

Der Geheimdienst schien ihm geeignet, um diesen Abstand zu wahren. Seine Mutter war einverstanden mit dieser Idee. Parker versuchte, sich in seiner Abschlussklasse ins Zeug zu legen, um akzeptable Noten vorlegen zu können. Im Vorstellungsgespräch beim CIA konnte er mit den Waffenkenntnissen, die er zuhause zwangsläufig mitbekommen hatte, glänzen. Sie hatten dort auch einen Aktenvermerk bezüglich des Ordens seines Vaters. Das gab dann den Ausschlag.

Parker trat mit neunzehn Jahren den Dienst in der CIA-Zentrale an. Seine Vorgesetzten bemerkten schnell sein Talent, eiskalt kompromisslose Entscheidungen zu treffen. Nach fünf Jahren bekam er sein erstes eigenes Kommando. Er sollte Kontakte nach Kolumbien und Honduras überwachen, um Drogengeschäfte in die richtigen Bahnen zu lenken. Parkers Gruppe schaffte es, mehrere Kriminelle auszuschalten und eigene Leute an zentralen Stellen zu platzieren. So bekamen die USA die Kontrolle über den südamerikanischen Drogenmarkt und organisierten nebenbei unbemerkt in großem Stil Geldwäsche im Ausland. Davon wussten nur ein paar Eingeweihte. Das machte Parker zu einem wichtigen Geheimnisträger und empfahl ihn für höhere Aufgaben.

Es war kurz vor zehn Uhr. CIA-Chef Parker versuchte vor dem Zubettgehen, den amerikanischen Präsidenten zu erreichen. An der Ostküste war bereits der späte Nachmittag angebrochen. Wenn Walker einfach mit dem russischen Präsidenten sprechen würde, dürfte sich das Problem doch wohl lösen lassen! Bis der zurückrief, war die TOTAL-RESET-Mission wahrscheinlich schon gestartet. So what? Dann hatten sie eben Fakten geschaffen und die Russen würden mal wieder den Kürzeren ziehen. Er nahm das gelassen hin. Der Geheimdienst hatte schon ganz andere Krisen gemanagt. Amerika bekam immer das, was es wollte.

Im Irakkrieg hatten sie der Welt die Schlagkräftigkeit ihrer Fliegerstaffeln vorgeführt. Sie waren einfach allen überlegen und bestimmten international das Geschehen.

Chinas Macht war auf den asiatischen Raum beschränkt. Die Chinesen waren zwar handelsmäßig auf dem Vormarsch, aber hier hatten die USA durch Importzölle auf chinesische Waren das weitere Vorpreschen deren Wirtschaft aufgehalten. Als China im beginnenden Handelskrieg mit Zöllen auf amerikanische Landwirtschaftsprodukte antwortete, bekamen die Farmer in Amerika Riesenprobleme. Aber was war schon machtpolitisch ohne Risiko?
Russland hatten sie jedenfalls perfekt durch Sanktionen isoliert. Im Vorderen Orient und in Afrika versank die Welt in immer mehr Bürgerkriegen. Aber das war nicht weiter schlimm, weil die USA durch ihre gestiegenen Waffenexporte davon profitierten. Das war Parkers Sicht auf die Weltpolitik.

Mitten in der Nacht rief Präsident Walker zurück. Diese Zeitverschiebung machte Parker noch ganz wahnsinnig. Es war wieder dieser Klingelton, der sich pochend in sein Hirn eingrub. Er musste erst mal einen wachen Gedanken fassen. Parker spürte die Anspannung des Präsidenten am anderen Ende der Leitung. Walker empfand es immer als Affront, wenn man ihn sprechen wollte. Wie jetzt die schlechten Nachrichten verkaufen? Im Mittelalter war man dafür ja angeblich geköpft worden.
Präsident Walker drängte: „Ich habe nicht viel Zeit."
Parker begann mit Andeutungen. „Das hatte niemand kommen sehen können! Zum Glück haben wir es noch früh genug herausgefunden. Dadurch lässt sich das Ganze noch korrigieren."
„Kommen Sie zur Sache!", raunzte der Präsident ihn an.
Parker versuchte ruhig zu bleiben. Da er sich gerade noch im Tiefschlaf befunden hatte, war das einfacher als sonst.
„TOTAL RESET hat ein Brüderchen bekommen. Die Russen planen ihre Mission einen Tag nach uns."

Es war Stille in der Leitung. Parker sprach weiter: „Vielleicht sollten Sie dem Kreml klarmachen, dass wir die Nase vorn haben."

„Wozu?" Präsident Walker steckte nicht in den Details. Es war in den vorangegangenen Briefings immer sehr schwierig gewesen, den wissenschaftlichen Hintergrund zu dem TOTAL-RESET-Projekt zu erläutern. Parker versuchte es mit einer kurzen und knappen Erklärung: „Wir verändern sonst drastisch die Effekte."

Es entstand eine kurze Pause. Walker schien nachzudenken. Dann lenkte er ein: „Okay, ich kann Kontakt aufnehmen, aber erst nach unserem Start. Und jetzt sehen Sie zu, dass Sie mich nicht mehr stören." Ehe Parker sich versah, hatte der Präsident schon aufgelegt. Das kannte er ja nicht anders.

Parker dachte nach. Hätte er die Konsequenzen noch genauer erklären müssen? Das war angesichts der Laune von Walker schwierig, wenn er seinen Job behalten wollte. Die Hauptsache war, dass Walker den russischen Präsidenten anrufen würde. Eigentlich hatte er das exzellent gelöst.

Parker buchte kurz seinen Rückflug übers Handy und döste noch ein wenig, bis er sich zum Flughafen aufmachte. Mehr konnte er erst mal nicht tun. Er versuchte, sich zu entspannen. Jetzt musste nur noch beim Auftakt der Flugzeugstaffel alles glattgehen. Hoffentlich bereitete das Vorziehen keine Probleme. Präsident Walker brach oftmals Dinge vom Zaun. Er hatte das schon mehrmals am eigenen Leib erlebt. Es war schwierig, ihm etwas abzuschlagen.

Kapitel 11

Luca durchsuchte am Mittwochmorgen seinen Koffer nach einem frischen Hemd. Eigentlich hatte er nur für zwei Tage gepackt. Ein wenig Deo musste herhalten, damit das nicht unangenehm auffiel. Er wählte eine dünne Lederjacke, um nicht zu offiziell daherzukommen. Das Frühstücksbuffet in seinem Hotel war reichhaltig, aber er versuchte, sich noch ein wenig Appetit für das Mittagessen aufzuheben. Hoffentlich hatte er Glück und würde Valentin Petrov treffen.

Luca ging zeitig ins *Restauracja Portenowa* und setzte sich dort um 11.30 Uhr in den hinteren, leicht abgedunkelten Sitzeckenbereich. Die Deckenvertäfelung wirkte irgendwie erdrückend. Das passte zu seiner Laune. Er bat den Ober, Valentin Petrov bei seinem Eintreffen auf sich aufmerksam zu machen. Dann bestellte er einen Gin Tonic mit viel Limette. Luca vermied es, ständig auf die Uhr zu schauen, und dachte darüber nach, wie weit Grace gekommen war. Eigentlich waren die Russen ja vor den Amerikanern am Start. Ob die Russen sich auf eine Absage einließen, weil ihre Schwefelsäure die Ozonschicht angriff? Er musste Grace heute Abend anrufen.

Valentin Petrov betrat gegen dreizehn Uhr das Restaurant. Der Ober reagierte sofort und wies kurz in die Richtung der hinteren Sitzecke. Luca sah, wie Petrov die Stirn runzelte und einen Moment lang zögerte. Dann kam Petrov humpelnden Fußes langsam zu ihm hinüber. Er hatte sich bei einem Einsatz in Tschetschenien schwer verletzt. Luca traute sich nie nach den Details zu fragen. Der Geheimdienst hatte ihm hier in Warschau so eine Art Schonposten zugedacht.

Eigentlich war er mit seinen neunundsechzig Jahren schon im Ruhestand. Aber da er keine Familie hatte, war er froh über ein wenig Beschäftigung.

Petrovs Miene hellte sich langsam auf. „Das nenne ich ja mal eine wirkliche Überraschung!"

Luca stand auf und gab ihm die Hand. Die beiden Männer mochten sich. Das reichte aber immer nur so weit, wie ihre unterschiedlichen Aufträge das zuließen. Nach dem Mord an dem arabischen Journalisten Khashoggi vor mehr als einem Jahrzehnt hatten sie keine Einigung über die Weitergabe von brisantem Material treffen können. Trotzdem ließen sie sich einander gegenseitig in die Karten schauen. Wissen war in ihrer Branche Macht, aber natürlich waren Beweise noch allmächtiger.

Luca erklärte die Situation. Das war schwierig, weil Petrov noch nie etwas von Geo-Engineering gehört hatte. Selbst für den Klimawandel interessierte er sich nicht im Mindesten. In seinem Alter war es ihm egal, was da auf die Menschheit zukam.

Sie bestellten beide ein Steak mit Bohnen.

Luca begann sehr weit auszuholen und versuchte es mit Geduld. Er erklärte den Treibhauseffekt schön anschaulich, so wie er es auf der Konferenz verstanden hatte. Das CO_2 in der Stratosphäre wirkte wie eine Art Glasscheibe. Kurzwellige Sonnenstrahlung passierte die transparente Scheibe. Auf dem Boden des Treibhauses wurde diese Strahlung in langwellige Wärmestrahlung umgewandelt. Die kam dann nicht mehr aus dem Glaskasten heraus. Bei Sonnenschein war es deshalb im Treibhaus immer wärmer als außerhalb.

Petrov konterte: „Wenn die Welt bis jetzt noch nicht deswegen untergegangen ist, dann wird sie es auch in Zukunft nicht tun!"

Luca hatte den Eingangsvortrag von Urs Alder noch gut im Kopf. Die globale Temperatur war jetzt im Jahr 2036 bereits schon um 1,6 °C erhöht. Das Problem war nur, es handelte sich um einen Mittelwert aller weltweiten Messstellen. In der

Arktis war die Temperaturabweichung bereits viermal so hoch. Und da schmolz ja bekanntlich das Eis. Der Plan von Paris war eigentlich gewesen, die mittlere Erderwärmung am Ende des Jahrhunderts auf deutlich unter 2 °C zu begrenzen, möglichst auf 1,5 °C. Das war die Vorgabe, um keine irreversiblen Beschleunigungen auszulösen. Alle Nationen hatten dann aber zusammen nur Maßnahmen für knapp über 3 °C zugesagt. Die Welt reagierte zwar auf die sich abzeichnende Klimakatastrophe, aber nicht konsequent genug. Jetzt wurde für das Ende des Jahrhunderts ein Mittel von 4 °C Temperaturerhöhung prognostiziert, weil selbst die noch zu niedrig angesetzten Zusagen nicht eingehalten worden waren. Die Temperatur würde weltweit immer weiter steigen, bis beide Polkappen eisfrei wären. Das bedeutete letztendlich in einigen Jahrhunderten einen Anstieg des Meeresspiegels von über vierundsechzig Metern.

Petrov machte das keine Angst. Es war alles so weit weg. Er hielt das für Humbug. Er wollte sich damit nicht auseinandersetzen. Das waren doch nur Prognosen. Die Wissenschaft hatte sich doch schon so oft geirrt. Wie kann so ein bisschen CO_2 so viel Schaden anrichten?

Luca merkte, dass es sinnlos war, ihm noch genauer die Absorptionsbanden der CO_2-Moleküle zu erklären. Er versuchte stattdessen, über den amerikanischen und russischen Eingriff durch das Geo-Engineering zu sprechen.

Die Luft- und Raumfahrt war da schon eher etwas, was in Petrovs Welt eine Rolle spielte. Aber auch hier erntete Luca Gegenwind. Petrov beharrte: „Du kannst mir viel erzählen. Ich brauche Beweise."

Tja. Da hatte er recht. Beweise für zwei geplante, kurz aufeinanderfolgende Aerosol-Missionen konnte Luca nicht vorlegen.

Eine Weile herrschte Funkstille. Petrov wollte da nicht hineingezogen werden. Er fragte noch mal nach: „Warum stoppt ihr nicht den amerikanischen Raketenstart?"
Luca erläuterte: „Die russische Variante ist die gefährlichere, weil sie die Ozonschicht zerstört."
Petrov versuchte weiter zu bremsen: „Du tust ja fast so, als ob durch beide Starts die Welt untergeht?"
Luca beharrte: „Ja, das kann passieren."
Petrov begann endlich zu überlegen, ob er eine Brücke bauen könnte. Wenn Luca Barbieri nun selbst nach Russland fliegen und sein Glück auf der Wostotschny Basis versuchen würde, wäre er aus dem Schneider. So könnte es funktionieren. „Ich kenne jemand auf dem Stützpunkt, bei dem du es versuchen kannst. Aber von mir hast du das nicht!"
Luca dachte kurz nach. Er hatte ja keine andere Chance. Petrov würde nicht ohne Beweise seinen Geheimdienstchef verrückt machen. Also nahm er das Angebot an. „Also bei wem soll ich auf keinen Fall deinen Namen lobend erwähnen?"
Beide Männer lachten.
„Frag nach Alexej Kalinin. Er leitet dort die Instandhaltung und wohnt auf dem Gelände. Wenn sie dich nicht zu ihm lassen, dann erzähle von seinem Sohn, der in einem türkischen Gefängnis sitzt. Sie haben ihn dort wohl mit Drogen erwischt. Du hast eine Nachricht von ihm."
Luca war froh, dass er noch eine Chance hatte. Er nickte Valentin Petrov zu. Dann stand er auf, um zu bezahlen. Vor dem Verlassen der Sitzecke legte er ihm noch einmal in freundschaftlicher Verbundenheit kurz die Hand auf die Schulter.
Luca musste zusehen, dass er möglichst schnell an den russischen Stützpunkt gelangte. Wostotschny lag irgendwo im Nirgendwo. Er buchte über sein Handy einen Flug nach Blagoveshchensk. Von dort aus waren es noch drei Stunden

mit dem Auto. Er musste sich beeilen, um den Flieger noch zu erreichen. In der Mittagszeit war es nicht einfach, von der Innenstadt zum Warschauer Flughafen zu kommen.
Die Taxifahrt kam immer wieder ins Stocken. Er überlegte kurz, Grace anzurufen. Aber der Taxifahrer sprach perfektes Englisch, deshalb gab es keine Möglichkeit, frei zu sprechen. Ob sie mittlerweile etwas erreicht hatte? Er konnte nur versuchen, direkt vor dem Abflug noch mal mit ihr zu telefonieren. Seinem Chef schickte er per verschlüsselter Kurzmitteilung ein paar Infos über seinen Zielort, mehr musste der vorerst nicht wissen.

Das Taxi kam vierzig Minuten vor dem Abflug am Airport an. Luca hatte wegen des überstürzten Aufbruchs kein Gepäck, was er aufgeben musste. Das machte es leichter. Er lief zügig durch das Terminal. Die zerklüfteten Hallen, deren Streben und kleinteilige Verglasung das Auge ablenkten, machten es nicht einfacher, sich zu orientieren. In letzter Sekunde erreichte er den Schalter, der gerade geschlossen werden sollte. Sein Diplomatenpass erleichterte die Abwicklung. Die Stewardess nickte ihm freundlich zu und er passierte das Gate.
Der Flieger war nur halb voll. Er hatte eine ganze Sitzreihe für sich. Als er während des Startprozederes versuchte, noch mal das Handy zu benutzen, ertappte ihn die eben noch so freundliche Stewardess und wies ihn burschikos zurecht. Ob sie sein Handy konfiszieren solle? Darauf wollte er sich nicht einlassen und gab klein bei. Während die Maschine langsam Richtung Startbahn rollte, probierte er es noch ein zweites Mal. Aber jetzt hatte er keinen Empfang mehr.
Verdammter Mist! Er wollte unbedingt wissen, was Grace erreicht hatte. Mit noch einer Unbekannten in der Gleichung war das Ganze einfach zu unübersichtlich.

Sie servierten an Bord ein pikantes Fischgericht und Luca bestellte einen Pinot Grigio dazu. Er versuchte sich ein wenig durch den Thriller, den sie im Bordkinoprogramm anboten, abzulenken. Irgendeine Science-Fiction-Story lief auf den Bildschirmen. Er konnte sich aber nicht darauf konzentrieren und versank in einen unruhigen, traumlosen Schlaf.

Kapitel 12

Blake Bishop, der Kommandant der Groom Lake Basis, hatte letzte Nacht so gut wie gar nicht geschlafen. Ständig hatte er sich von einer Seite auf die andere gewälzt, ohne wirklich zur Ruhe zu kommen. Er hatte Angst, dass wegen des vorgezogenen Starts irgendetwas schiefgehen könnte.
Seine Mannschaft hatte Zweifel angemeldet. Die Abnahme aller Umbauten, die dieser Mission vorausging, musste in der Kürze der Zeit fehlerlos abgespult werden. Alle diese Sicherheits- und Testvorgaben waren ja nicht zum Spaß festgelegt worden. Er hatte zusätzliche Nachtschichten angeordnet. Dadurch war die Stimmung komplett am Boden. Die Erklärung, dass er im Telefonat mit dem Präsidenten keine andere Wahl gehabt hatte, half da bei seiner Mannschaft nicht wirklich weiter. Außerdem war ihm nachts noch im Kopf herumgeschwirrt, dass er noch nie so wenig Background zum Ziel einer Mission bekommen hatte wie dieses Mal. Das Briefing hatte nur sechzig Minuten gedauert.
Auf mehrere Fragen zog sich CIA-Chef Parker einfach auf den Befehl des Präsidenten zurück, ohne wirklich eine Antwort aufzuzeigen. Am Schluss hatte er vorgeschoben, eilig nach Washington zurückzumüssen. Bishop wusste, dass der nächste Flug erst am nächsten Tag gehen würde. Sein Bauchgefühl sagte ihm, dass Parker ihnen etwas verheimliche.
Er kannte Parker schon lange und registrierte Fragen, die ins Leere liefen. Also wusste Bishop, wann er damit aufzuhören hatte. Schließlich gab es Befehle, die es zu befolgen galt.
Mit der Politik von Präsident Walker war Bishop schon länger nicht mehr einverstanden. Seit der Jahrtausendwende ließen die Entscheidungen der Amtsinhaber im Weißen Haus oft zu wünschen übrig. Lichtblicke gab es da selten. Es war ein ständiges Hin und Her zwischen den Republikanern

und Demokraten. Was der eine entschied, drehte der nächste zurück. Während der Regierungszeit von Präsident Trump hatte sich das Land mehr und mehr in zwei Lager gespalten. Werte wie Fairness und Moral waren auf der Strecke geblieben. Ja, manchmal schämte er sich für sein Land. Er versuchte, so gut er konnte, diese Gedanken bei seinem Job auszublenden.

Aber einige seiner hohen Offiziere ahnten wohl etwas. Als er einmal auf dem Flur zufällig ein Gespräch belauscht hatte, war er wegen des ironischen Untertons sehr erstaunt gewesen. „Ist bestimmt nur ein Zufall, dass der Alte sich beim letzten Besuch des Präsidenten freigenommen hat." Er konnte nachvollziehen, dass sie sich deshalb zumindest ein wenig mehr Widerstand gegen den vorgezogenen Start erhofft hatten. Aber wie sollte er sich trauen, Präsident Walker zu widersprechen? Hätte er das verschärfte Timing abgelehnt, wäre er sicher seinen Job losgewesen. Nichtsdestotrotz leuchtete ihm nicht ein, was so dramatisch für die Ozonschicht war, dass es nicht noch zwei Tage hätte warten können?

Bishop versuchte sich beim abendlichen Schichtwechsel, auf den technischen Part zu konzentrieren. Er ließ sich bei einem starken Kaffee sämtliche Checkprotokolle erläutern. Zum Glück hatte es bisher keine großen Schwierigkeiten gegeben. Die üblichen Korrekturen, die mit der aktuellen Wetterlage verbunden waren, hatten sie im Griff. Der leichte Westwind und die eher schwülen Temperaturen bereiteten keinerlei Probleme. Vielleicht hatte er sich umsonst den Kopf zermartert. Er war froh über seinen eingespielten Stützpunkt. Jetzt war alles vorbereitet für den Start.

Es konnte losgehen.

Er hielt eine kurze Ansprache vor der Besatzung der fünfundsiebzig Ultra-Transportmaschinen.

Jede einzelne von ihnen konnte eine Traglast von zweihundert Tonnen bewältigen. Sie hatten junge Frauen und Männer knapp über dreißig für dieses Projekt ausgewählt. Das Ganze war eine bisher so in diesem Ausmaß noch nicht dagewesene Mission. Die komplette Besatzung strahlte ein gewisses Pflichtbewusstsein aus. Eine derartige Motivation war Blake Bishop selbst inzwischen abhandengekommen. Da war kein Ehrgeiz mehr, der ihn antrieb. Er wollte einfach nur keinen Ärger. Bishop hatte aufgehört, für etwas zu kämpfen oder für irgendetwas einzustehen.

Die Mitglieder der Besatzung verließen nach dem Briefing den Hangar und verabschiedeten sich mit einem kurzen Gruß. Sie begaben sich zu ihren Maschinen hinauf aufs Rollfeld. Der Rest folgte Bishop den langen, weißen unterirdischen Gang entlang hinüber zum Tower.

Die allerletzten Vorbereitungen liefen. An Bishops Pult waren sämtliche Anzeigen grün hinterlegt. Er konnte auf dem Bildschirm die erste Crew beim Einsteigen auf dem beleuchteten Rollfeld beobachten. Der Nachthimmel war sternenklar. Letzte Kommandos wurden zwischen dem Tower und dem ersten Transportflugzeug ausgetauscht.

Bishop erteilte persönlich die Starterlaubnis. Fünf Minuten später, pünktlich um 02:00 a. m. Eastern Time, hob die erste Maschine ab. Nach etwa fünfzehn Minuten hatte sie die Stratosphäre erreicht und begann mit der Aerosol-Injektion. Zwanzig Minuten später meldete sich die zweite Maschine von den vorgegebenen Koordinaten und zog nach. Es gab keine Komplikationen. Bishop schrieb noch eine kurze verschlüsselte Nachricht an Parker. Der TOTAL RESET war eingeleitet. Eine neue Ära hatte begonnen.

Kapitel 13

Parker hatte in der Nacht sofort die erfolgreiche Aerosol-Mission an Präsident Walker weitergemeldet. Jetzt war es Mittwochmorgen acht Uhr an der Ostküste. Der amerikanische Präsident versuchte, seinen russischen Kollegen ans Telefon zu bekommen.

Ilja Iwanowitsch war vor zwei Monaten zum neuen russischen Präsidenten gewählt worden. Er hatte das Amt direkt von Putin übernommen. Das ganze Land war gespannt, ob sich dadurch etwas verändern würde. Noch waren keine Anzeichen dafür zu erkennen. Iwanowitsch setzte den Kurs seines Vorgängers eines autarken Russlands fort.

Es gab Schwierigkeiten, das Gespräch der beiden Präsidenten zu arrangieren. Die als rotes Telefon bekannt gewordene Fernschreiberverbindung existierte nur noch auf der militärischen Ebene; aber nicht mehr zwischen dem Weißen Haus und dem Kreml. Niemand traute sich, Präsident Iwanowitsch mitten aus seinem Tagesablauf herauszureißen. Nachmittags standen Termine mit zwei Delegationen an: zuerst einer mit der Kamtschatka Region und dann mit dem Föderationskreis Wolga. Als er um zwanzig Uhr russischer Zeit kurz in seinem Büro vorbeischaute, war es wegen der Zeitverschiebung zu spät für einen Rückruf. Er wollte bestimmt nicht den amerikanischen Präsidenten aus dem Schlaf reißen. So verstrichen vierundzwanzig Stunden, bis das Telefonat endlich zustande kam.

„Seien Sie gegrüßt. Was gibt es so Dringendes westlich des Atlantiks?", begann Iwanowitsch in seinem gebrochenen Englisch.

Das Verhältnis der Großmächte war in den letzten Jahrzehnten ein Auf und Ab gewesen. Auf den Kalten Krieg folgten Jahre der Annäherung. Das Auseinanderbrechen der

Sowjetunion gipfelte dann in dem Fall der Berliner Mauer. In beiden Ländern hatten im Anschluss daran die autokratischen Tendenzen wiederum zugenommen. Um nationale Interessen zu wahren, war das Präsidialsystem weiter ermächtigt worden; erst in Russland, dann in den USA.
Russland hatte immer wieder an seinen Außengrenzen gezündelt und die Welt oft genug damit überrascht, ehemalige Staaten des Warschauer Paktes zu überrennen, wie Tschetschenien, Georgien oder die Ukraine. Zwar gab es zunächst eine mündliche Zusage, die NATO-Grenze nicht weiter nach Osten zu verschieben. In allen schriftlichen Verträgen nach dem Mauerfall war davon aber nicht mehr die Rede. Hatte Putin von diesen Ländern wirklich etwas zu befürchten? Solange es in der ukrainischen Provinz Donbass militärische Auseinandersetzungen mit den Separatisten gab, widersprach ein NATO-Beitritt der Ukraine sowieso deren Vorschriften. Also, warum dann auf einmal diese ganze russische Aggression? Sah Putin nicht das ganze Elend, in das er die Menschen damit stürzte? Oder hatte er nach dem, was auf dem *Maidan* passiert war, einfach nur Angst, dass ein ähnlicher Protest auf dem Roten Platz seine persönliche Macht infrage stellen würde?
Nach diesen Auseinandersetzungen hatte das Verhältnis zwischen Amerika und Russland einen Tiefpunkt erreicht.
Politologen sprachen davon, dass zu Zeiten des Kalten Krieges bessere diplomatische Verhältnisse geherrscht hatten, als jetzt.
Präsident Walker machte es sich an seinem Schreibtisch aus Massivholz bequem. Er spielte mit der rechten Hand an der amerikanischen Fahne, die dort als Dekoration stand.
Walker liebte diese Symbole, weil sie die Macht und die Dominanz seines Amtes betonten. Wie so oft übersprang er die höflichen Anfangsfloskeln zu Beginn eines Gesprächs, aber diesmal sogar auf Augenhöhe. „Ich will gleich zur Sache

kommen. Wir haben gerade ähnliche Pläne hinsichtlich des Weltklimas, und das könnte sich böse überschneiden."

Präsident Iwanowitsch reagierte relativ unwirsch: „Seit wann das denn? Amerika ist mehrfach aus dem Weltklimavertrag ausgestiegen. Russland versucht zumindest halbwegs, sich an den globalen Fortschritten zu beteiligen. Die Vereinigten Staaten haben sich dort technologisch abhängen lassen. Ich sehe da gar keine Gemeinsamkeiten!"

Präsident Walker fuhr ihm in die Parade: „Sie sollten Amerika niemals unterschätzen! Das könnte sich rächen. Gestern Nacht haben wir der Welt bewiesen, wer weltweit die Nase vorn hat. *Wir* setzen hier die Maßstäbe für neue Technologien. Unsere Mission TOTAL RESET ist gestartet. Wir sind dabei, Kalk in der Stratosphäre zu verteilen und das Weltklima wieder zurechtzurücken. Ich habe mitbekommen, dass Russland morgen Ähnliches plant. Es ist gefährlich, wenn zwei Nationen diesen Schalthebel gleichzeitig in der Hand halten wollen. Das funktioniert nicht. Sie sollten sich gut überlegen, ob Sie sich mit den Vereinigten Staaten von Amerika anlegen wollen."

Es war Stille in der Leitung. Präsident Iwanowitsch war erst einmal geschockt. Er wollte sich das Thema nicht aus der Hand nehmen lassen. Konnte man diesem arroganten amerikanischen Präsidenten trauen? Die USA hatten durch ihre ständigen Lügen und Provokationen die Welt vergiftet. Sicherlich war das mal wieder so eine Erfindung, um andere auszubremsen.

Iwanowitsch fackelte nicht lange: „Sie bluffen doch nur wieder! Die Vereinigten Staaten haben in den letzten Jahrzehnten viel Fantasie bewiesen, um andere Nationen zu täuschen. Ihr Geheimdienst hat unseren Start aufgedeckt und jetzt haben Sie Angst, noch mehr abgehängt zu werden! Die Amerikaner waren die ersten auf dem Mond und die ersten

beim Thema Internet. Aber jetzt spielt die Musik woanders und das wollt ihr nicht wahrhaben!"
Die Stimme von Präsident Iwanowitsch schwoll immer mehr an. Wie konnte der amerikanische Präsident es wagen, ihm so zu drohen. Walker sollte ihn erst einmal kennenlernen. Er ließ weiter Dampf ab. „Ihr seid keine Weltmacht mehr! Eure Wirtschaft liegt schon lange am Boden und wird sich nie mehr richtig erholen. Hört auf, die Welt zu tyrannisieren, und mischt euch nicht mehr überall ein!"

In puncto Arroganz standen sich beide wohl in nichts nach. Der amerikanische Präsident fuhr jetzt dazwischen. Er hatte genug gehört. „Das brauche ich mir nicht bieten zu lassen! Wer hat denn in den letzten Jahren ständig versucht, die Weltöffentlichkeit über seine wahren Pläne hinwegzutäuschen und ist dann einfach mal wieder irgendwo einmarschiert? Das war wohl eher Russland, würde ich sagen! Und was die russische Wirtschaft angeht, die hat doch noch nie auf dem Weltmarkt *irgendeine* eine Rolle gespielt.
Wenn es jetzt Probleme mit dem Geo-Engineering gibt, haben *Sie* das zu verantworten! Sie verblendeter Idiot!"
Jetzt war an beiden Enden der Leitung der Punkt erreicht, an dem das Gespräch nur noch abgebrochen werden konnte. Beide knallten gleichzeitig wortlos den Telefonhörer auf die Gabel.

Präsident Iwanowitsch war froh, dass er Walker seine Meinung gegeigt hatte. Jedenfalls würde der amerikanische Präsident in Zukunft nicht noch mal versuchen, ihn über den Tisch zu ziehen!

Präsident Walker dachte nach. Zum Glück hatte er das Gespräch allein geführt und keiner seiner Leute hatte die Tiraden des russischen Präsidenten mitbekommen. Es gab sehr viele undichte Stellen im Weißen Haus. Und in der Presse wollte er dazu nichts lesen.

Was nahm sich der Russe da nur heraus? In diesem Ton mit ihm zu reden, das war einfach der Gipfel! Er würde ihm das bestimmt bei nächster Gelegenheit heimzahlen.

Walker überlegte kurz: *Wie schlimm ist es eigentlich, dass der irre Ivan jetzt auch seine Aerosol-Mission startet?* So kritisch konnte das doch gar nicht sein! Im Prinzip würden sie mit der doppelten Ladung dem Klimawandel einfach nur noch schneller den Garaus machen. Von daher lief doch alles bestens. Sollte Parker nachhaken, würde er einfach behaupten, es sei super gelaufen. Wenn er dumme Fragen stellte, konnte er ihm einfach über den Mund fahren, wie er das immer tat.

Walkers Art, mit anderen Menschen umzugehen, hatte er sich in seiner Jugend angeeignet. Aus reichem Hause stammend, war er sehr verwöhnt aufgewachsen. Seine Eltern arbeiteten beide für einen großen Hedge-Fonds. Sie kümmerten sich nicht selbst um ihn und seinen Bruder, sondern hatten wechselnde Erzieherinnen bestellt.

Der kleine Andrew Walker versuchte schon sehr früh, seine Grenzen auszutesten. Zwei Kindermädchen hatten nach ein paar Monaten aufgegeben, weil sie kein Mittel gegen seine renitente Art gefunden hatten. Schließlich fand sich jemand, der über vieles hinwegsah. Wenn der Junge den ganzen Nachmittag lieber am Computer spielte, als seine Hausaufgaben zu erledigen, ließ man ihn eben der Ruhe halber besser einfach gewähren.

Andrew war von Natur aus faul.

Um seine schulischen Noten zu verbessern, fand er andere Wege als die mühsame Beschäftigung mit dem Lernstoff. Hausarbeiten ließ er sich von Klassenkameraden für einen kleinen finanziellen Obolus verfassen.

Um in den Klausuren von dem Wissen der Klassenbesten zu profitieren, investierte er sehr viel Energie darauf, seine Betrugsmethodik zu optimieren. Insbesondere in den naturwissenschaftlichen Fächern wäre er sonst gnadenlos gescheitert. Er hatte sich im Internet ein Brillenset besorgt, bei dem das erste Gestell mit einer Miniaturkamera ausgestattet war, die über Bluetooth mit den Gläsern des zweiten Gestells kommunizierte. So konnte er sehen, was zum Beispiel das Mathematikgenie seiner Klasse zu Papier brachte. Die erforderliche kabellose Steuerung war so klein, dass sie in seine Hosentasche passte. Die Technik war zugegebenermaßen nicht ganz billig. Aber seine Eltern hatten schon längst nicht mehr im Blick, was er mit dem vielen Taschengeld alles anstellte, die Bezahlung seiner Klassenkameraden für kleinere Gefälligkeiten inbegriffen.

Da er mit seinen Betrügereien überall durchkam, fühlte sich Andrew zu noch größeren Dreistigkeiten ermutigt. Er hatte sich mit seiner Clique gemeinsam dem Wetten verschrieben. Jo und Ethan kamen beide aus wohlhabenden Familien. Alle drei trafen sich abends, um im Lokal am Stadion zusammen den Sportkanal zu schauen. Jeder von ihnen tippte auf ein Ergebnis und legte seinen Wetteinsatz auf den Tisch. Bei der Fußballweltmeisterschaft im Jahr 1990 zockten sie täglich. Mehrere Hundert-Dollarscheine wechselten den Besitzer.

Der Wirt des Lokals begann sie bereits zu beäugen. Aber da sie fleißig Bier und Würstchen verzehrten, ließ er sich nichts anmerken. Um seine Verluste auszugleichen, versuchte Andrew Walker, die Einsätze nach oben zu schrauben. Vor dem Endspiel war er sich sicher, dass Argentinien gegen Deutschland gewinnen würde. Für so ein historisches Spiel stellten tausend Dollar eine angemessene Summe für ihn dar. Jo stieg aus, das war ihm zu hoch! Aber Ethan, der in den letzten Tagen oft den Gewinn abgesahnt hatte, wettete dagegen. Wegen seiner Pechsträhne war Andrew eigentlich das Bargeld ausgegangen, deshalb warf er stattdessen den Schlüssel seines Motorrads mitten auf den Tisch.

Ethan war einverstanden und legte seine tausend Dollar dazu. Das Spiel wurde angepfiffen. Lange fiel kein Tor. Als das Finale in der fünfundachtzigsten Minute durch einen Elfmeter der deutschen Mannschaft entschieden wurde, ließ sich Andrew nichts anmerken. Der Schiedsrichter pfiff ab. Dann entstand eine Situation, mit der Ethan nicht gerechnet hatte. Andrew behauptete einfach, er habe auf einen deutschen Sieg gewettet. Er nahm sich die tausend Dollar und seinen Motorradschlüssel vom Tisch und verließ – ohne eine Diskussion zuzulassen – das Lokal. Ethan blieb verdattert sitzen.

Jo folgte Andrew und sah zu, dass er der Situation entkam. So dachte er zumindest. Draußen wurde er von Andrew abgefangen, der ihm einfach – ohne etwas zu sagen – zwei Hundert-Dollarscheine in die Hosentasche steckte. Als sich Ethans Eltern einschalteten, bestätigte Jo die Version von Andrew. Damit war das Thema erledigt.

Andrew Walker beherrschte seit seiner Jugend alle schmutzigen Tricks, wie man seinen Willen durchsetzte. Dass man keine Skrupel haben durfte, hatte er sich von seinen Eltern abgeschaut. Die profitierten bei ihren Leerverkäufen als Hedge-Fonds-Manager schließlich auch von den Dramen, die sich in den abstürzenden Firmen abspielten. Mitleid half da nicht weiter. Im Gegenteil, es hinderte einen nur daran, voranzukommen. Und in dieser Welt am ganz großen Rad zu drehen – das hatte sich Andrew Walker vorgenommen.

Kapitel 14

Grace machte sich Sorgen. Luca hatte sich nicht bei ihr gemeldet. Das war kein gutes Zeichen. Auch von Parker hatte sie nichts mehr gehört. Nur ihre Mutter rief an: „Wann treffen wir uns in Rom, Liebes?"
Nach Urlaub war Grace jetzt gar nicht zumute! Sie hatte aus reinem Pflichtgefühl für Samstag zugesagt, obwohl ihr im Moment ganz andere Sachen im Kopf herumschwirrten.
Meistens stritten sie ja doch nur. Sie hatten so unterschiedliche Auffassungen darüber, wie man sein Leben genießen konnte! Ihre Mutter war komplett auf Luxus gepolt. Alles musste vom Feinsten sein. Die Nachbarn und Freunde sollten denken, dass man sich was leisten könne. Sie liebte es, sich mit Markenartikeln zu umgeben.
Grace war das völlig egal. Sie wollte sich nicht über solche Äußerlichkeiten definieren. Es zählte doch ihr Charakter.
Was andere Menschen von ihr dachten, spielte für sie nur eine untergeordnete Rolle. Natürlichkeit war ihr wichtig. Schon die Art, wie ihre Mutter sich auftakelte, war ihr ein Graus. Grace hatte sich geschworen, niemals so zu werden wie ihre Mutter.

Im Moment saß Grace erst einmal hier in Genf fest. Ihr war die Lust darauf vergangen, heute Abend alleine auszugehen. Aber hier so tatenlos im Hotel herumzusitzen, das machte es auch nicht besser. Sie konnte stundenlang an die Wand starren, doch an ihrer schlechten Laune änderte das gar nichts. Irgendwann verschwamm die blau-weiß gestreifte Tapete vor ihren Augen. Sie wurde noch vor lauter ungeklärten Fragen ganz verrückt! Wenn sie nur Nachricht von Luca hätte!
Grace war froh, als Linh Nguyen anrief und ein gemeinsames Abendessen vorschlug. Auch sie war nach der Konferenz

noch geblieben. Sie hatten am ersten Tag beim Mittagessen ihre Visitenkarten getauscht und kurz über ihre Pläne in den nächsten Tagen geplaudert. Die beiden Frauen waren sich sofort sympathisch gewesen.

Grace schlug ein Schweizer Lokal vor. Sie hatte viel Gutes von der *Brasserie Port Neuve* am Rand des Genfer Sees gehört und lud Linh Nguyen dahin ein.

Die Vietnamesin hatte Grace um die Möglichkeit beneidet, den Eingangsvortrag halten zu dürfen. Und mehr noch: Sie hätte sich auch so eine gut bezahlte Forschung in ihrem Land gewünscht. An Experimente in der Stratosphäre war in Vietnam gar nicht zu denken. Aber sie war stolz darauf, dass sie die Universität in Hanoi überzeugt hatte, an der Reflexionsfähigkeit von marinen Wolken durch Salzinjektionen zu forschen. Mit Eisenchlorid konnte man eine feinere Verteilung der Aerosol-Tröpfchen in den Meereswolken erreichen, das gab ihnen ein helleres Aussehen. Je weißer eine Wolke war, desto mehr reflektierte sie das Sonnenlicht in den Weltraum zurück und umso stärker konnte die Aufheizung der Atmosphäre umgekehrt werden. Das Salz wurde mit Hilfe von Schiffen versprüht. Die Methode nannte sich ‚Marine Wolkenaufhellung'.

In Vietnam gab es nur wenige Geldgeber für solche Projekte. Linh hatte den größten Energiekonzern des Landes überzeugen können, sich auf diese Art eine grünere Weste zu verschaffen. So war sie zur renommiertesten Expertin der mikrophysikalischen Zusammenhänge dieser Methode geworden und hatte sich deshalb auch alle chemischen Zusammenhänge in der Atmosphäre angeeignet. Grace hatte eine meteorologische Ausbildung und wusste deshalb eher etwas über die Luftströmungen, die beide Methoden, an denen sie forschten, beeinflussten.

Grace wartete vor dem Restaurant. Auf dem Kongress hatte Linh ein typisch westliches Kostüm getragen. Jetzt kam sie

in einem klassischen langen vietnamesischen Kleid daher und hoffte, das würde Grace nicht irritieren. Der hellgelbe Stoff unterstrich ihre pechschwarzen schulterlangen Haare. Grace gefiel der traditionelle Stil. Sie selbst fühlte in ihrer Blue-Jeans mit weißer Bluse eher etwas underdressed. Sie begrüßte Linh mit einem Kompliment: „Was für ein Kleid!"
Nachdem sich beide für Schweizer Rösti mit Champignon-Ragoût entschieden hatten, begannen sie sofort, sich über ihre Forschungen auszutauschen. Das lenkte Grace ein wenig von ihren Sorgen ab. Angaben über optimale Konzentrationen und die Aufbereitung der benötigten Substanzen wurden aus Gründen des nationalen Interesses nicht immer veröffentlicht. Aber hier unter vier Augen konnte man vielleicht etwas andeuten? Diese Fachsimpelei schien auch ganz nach dem Geschmack von Linh zu sein.
Grace fiel dann aber mit der Tür ins Haus: „Kennen Sie sich mit der chemischen Reaktion von Kalk und Schwefelsäure auf der Aerosolebene aus?"
Grace wusste einfach nicht mehr weiter. Wie hoch war das Risiko für die Ozonschicht, wenn bei beiden relativ zeitgleich ablaufenden Missionen unterschiedliche Substanzen eingeplant waren?
Linh stutzte. Wieso sollte man mit zwei Reagenzien arbeiten? Das war nicht üblich. Es galt, Wechselwirkungen zu vermeiden.
Linh hakte nach: „Wieso wollen Sie das wissen?"
Grace versuchte abzulenken, um die Frage nicht beantworten zu müssen: „Egal. Mit welchen Konzentrationen haben Sie denn die besten Ergebnisse bei der Marinen Wolkenaufhellung erreicht?"
Linh war verwirrt und mauerte instinktiv: „Das ist noch nicht zur Veröffentlichung freigegeben."
Grace war ein wenig enttäuscht. Aber schließlich hatte sie ja auch nicht alle ihre Karten offen auf den Tisch gelegt. Dass

sie Luca mit hineingezogen hatte, war schon schlimm genug. Er war jetzt ihre letzte Hoffnung. Wie dumm, dass er sich nicht meldete. War er inzwischen aufgeflogen? Sie hätte ihm gern gesagt, dass sie die amerikanische Flugzeugstaffel wohl nicht hatte aufhalten können, und dass es jetzt ein zusätzliches Risiko bezüglich der Reaktion beider Substanzen gab. Einfach nur mit jemandem zu reden, um ihre Seele zu erleichtern – das hätte sie sich gewünscht!
Der Rest des Abends verlief eher belanglos. Sie verlegten die Diskussion auf allgemeine wissenschaftliche Themen, die besten Internetserien und die Notwendigkeit, sich nach der vielen geistigen Arbeit beim Sport auszupowern.
Linh hatte es mit Radfahren und Joggen probiert. Grace war eher für Volleyball und Krafttraining zu haben.
Nach knapp zwei Stunden zahlten sie und verabschiedeten sich vor dem Restaurant mit Handschlag. Beide gingen allein ihres Weges.

Kapitel 15

Nach einem Zwischenstopp in Sankt Petersburg war Luca in Blagoveshchensk gelandet. Viel Zeit blieb nicht mehr. Es war Donnerstag, vierzehn Uhr Ortszeit. Sein Handy war nicht in der Lage, sich ins russische Netz einzuwählen. Deshalb schlug das Senden seiner Nachricht an Grace immer noch fehl. Shit!

Verzweifelt suchte er vor dem Flughafengebäude nach einem Taxi. Es waren immer noch drei Stunden Fahrzeit. Um dreiundzwanzig Uhr war der Start von GIGA TERRA geplant. Ihm blieben also noch sechs Stunden, um irgendeinen Weg zu finden, die Mission aufzuhalten. Er musste unbedingt die Ozonschicht retten und eine mögliche Übersteuerung des Klimas abwenden.

Endlich fand er ein Taxi. Der Fahrer verstand ein paar Brocken Englisch und akzeptierte eine Bezahlung in Euro. Was wollte Luca mehr. Er versprach ihm noch einen Bonus, wenn er ihn vor siebzehn Uhr am Eingang des Stützpunktes absetzen würde.

„Was wollen Sie an diesem gottverlassenen Ort?", wollte der Fahrer wissen.

Luca blieb wortkarg und ging lieber noch einmal seinen Plan durch. Irgendwie musste er den Leiter der Instandhaltung für sich gewinnen. Alles andere würde sich noch schwieriger gestalten.

Luca hatte vorhin im Flugzeug nicht wirklich Ruhe gefunden. Erst wurde mitten in seiner Tiefschlafphase der Nachtisch serviert. Anschließend hatte die schwerhörige Frau hinter ihm ihren Film auf dem Kopfhörer so laut gestellt, dass er nicht mehr einschlafen konnte. Und dann begannen mitten in der Nacht ständig diese Unterbrechungen durch die Toilettengänger.

Er nickte im Taxi mehrmals kurz weg. In den wachen Momenten dazwischen sah er diese unendlichen Wälder. Sie fuhren an einem sehr breiten Fluss entlang, der Seja. Viele mehrgliedrige Arme umschlossen immer wieder kleine Inseln in der Mitte. Gleich, wo er hinsah, überall war nichts als die reine, scheinbar endlose Natur zu erblicken! Leichte Hügel boten etwas Abwechslung. In dieser Abgeschiedenheit hörte die hektische Welt einfach auf zu existieren. Hier war man buchstäblich am Ende der Welt.

Grace hatte Luca an ihrem gemeinsamen Abend beim Italiener erklärt: „Die Natur braucht den Menschen nicht, aber der Mensch braucht die Natur." Das konnte er jetzt nachempfinden.

Er verfiel in eine Art Trance. Die Umgebung hatte eine beruhigende Wirkung auf ihn. Er erinnerte sich an seinen letzten Urlaub in den Bergen.

Wieso zerstörte der Mensch all das, obwohl er davon abhängig war? Mit diesen Gedanken im Kopf nickte er immer wieder kurz weg.

Das Taxi fuhr jetzt über eine Menge Schlaglöcher. Luca war auf einmal wieder hellwach. Er dachte darüber nach, wie es Grace wohl ging. Wahrscheinlich war sie ziemlich sauer, dass er sich nicht gemeldet hatte. Nun ja. Gleich musste einfach alles glattgehen. Sie näherten sich dem Ziel. Der Taxifahrer setzte ihn um 16.55 Uhr pünktlich vor dem Eingang des Wostotschny Cosmodroms ab und bekam den versprochenen Bonus.

Das ganze Gelände war mit einem etwa vier Meter hohen Stacheldrahtzaun umgeben.

Luca ging zielstrebig zum Empfangsgebäude auf der linken Seite der Einfahrt. Seinem geschulten Blick konnten die zahlreichen Selbstschussanlagen am Tor der Zufahrt nicht entgehen.

Der Wachmann war vor das Gebäude getreten. Ob aus Neugier oder Vorsicht, das war schwer zu sagen. Er trug eine dunkelblaue Uniform mit einem goldenen Streifen auf der Schulterklappe und Rändern an den Ärmeln. Das war kein Rekrut untersten Ranges, sondern ein Gefreiter.
Luca wollte es mit seinem schulmäßigen Russisch und nicht mit seinem perfekteren Englisch versuchen. „Ich möchte zu Alexej Kalinin. Er leitet die Instandhaltung."
Der wachhabende Soldat hakte nach: „Haben Sie einen Termin?"
„Leider nein, aber ich habe eine dringende Nachricht von seinem Sohn, der seit fünf Jahren vermisst wird."
Sie gingen ins Gebäude.
Luca legte den Ausweis mit seiner zweiten Identität vor. Der Gefreite platzierte das Dokument auf dem Kopiergerät und gab es anschließend zurück. Dann nahm er den Telefonhörer in die Hand. Zweimal drückte er auf die Gabel des Telefons und versuchte es erneut. Luca hoffte, nicht konfus zu wirken. Jetzt schien der Wachmann jemanden erreicht zu haben. Ob er direkt mit Kalinin sprach? Der Diensthabende legte auf und sah zu ihm auf. „Major Kalinin ist gerade schwer beschäftigt. Aber vielleicht kann er Sie um zwanzig Uhr empfangen, während der Essenspause. Schließlich geht es ja um etwas Privates. Das hat hier eigentlich nichts zu suchen."
Der Gefreite hatte wohl gehofft, Luca wegschicken zu können. Kein Wunder, wenn heute Nacht die Mission starten sollte, galten erhöhte Sicherheitsauflagen.
Die Idee von Valentin Petrov, sich unter dem Vorwand des verlorenen Sohnes hier einschmuggeln zu können, war brillant gewesen.
Zwei Unteroffiziere wurden für Luca als Eskorte eingeteilt. Sie trugen die gleiche Uniform wie der Wachmann.
Das Stützpunktgelände war weitläufig. Sie fuhren mit einem Jeep zum nächsten Gebäudekomplex. Luca hatte das Gelän-

de vorher auf der Satellitenkarte genau studiert. Hinter der nächsten Kreuzung kam eine Sackgasse. An dessen Ende musste sich die unterirdische Raketen-Startrampe befinden. Er vermutete, dass sie dort auch die Aerosol-Apparatur unterirdisch vorbereitet hatten, um sie nicht zu früh den wachsamen Augen internationaler Satelliten preiszugeben.

Sie kamen zum Eingang des Bürogebäudes. Luca wurde in einen Warteraum im Erdgeschoss begleitet. Sein Blick fiel auf zwei tabakfarbige Veloursessel. Dazwischen befand sich ein alter Eichentisch, in dessen Mitte eine Marmorplatte eingelassen war. Zwei Yucca-Palmen führten ein klägliches Dasein im Halbschatten unter den Fenstern.

Luca ließ sich erschöpft auf eines der muffig riechenden Polstermöbel fallen. Seine Eskorte grüßte freundlich und wartete vor der Tür.

Luca war kurz vor dem Ziel. Das machte es nicht einfacher, Ruhe zu bewahren. Er war ganz aufgeputscht vor lauter Adrenalin. Noch einmal zweieinhalb Stunden Wartezeit und dann musste er alle Überzeugungskraft an den Tag legen, die er besaß.

Luca stellte sich ans Fenster. Draußen ging es geschäftig zu. Mehrere Tanklastwagen passierten das Gebäude. Er versuchte, sich ein Bild vom Gelände zu machen und vor allem von den möglichen Fluchtwegen. Was war, wenn sie ihn einfach festnahmen? Auf diplomatische Komplikationen hatte er nun gar keine Lust. Er wollte niemandem etwas schuldig bleiben.

Um 19:50 Uhr klopfte Lucas Eskorte an der Tür. Sie brachten ihn vor das Büro des Majors und warteten dort gemeinsam. Er spürte, wie sie ihn stets im Blick hatten. Daran änderten auch die höflichen Floskeln nichts, die sie mit ihm austauschten. Kalinin traf pünktlich um zwanzig Uhr ein. Er trug die gleiche dunkelblaue Uniform, nur mit einem goldenen Stern auf der Schulterklappe.

„Guten Abend." Der Major begrüßte Luca in perfektem Englisch. Er musterte ihn intensiv von Kopf bis Fuß. Dann zog Kalinin einen Schlüsselbund aus seiner Jackentasche und öffnete die Tür zu seinem Büro. Luca fiel auf, dass es mit Regalen und Aktenordnern übersät war. Papierstapel auf seinem Schreibtisch ließen erwarten, dass er sich persönlich mit der Materie beschäftigte. An der Wand hatte er Fotos von mehreren Raketenstarts im Großformat aufgehängt. Er bat die Eskorte draußen zu warten und schloss die Tür. „Sie haben Nachricht von meinem Sohn? Wer sind Sie und wie kommen Sie an diese Informationen."

Luca musste ihn jetzt wohl leider enttäuschen. Als er eröffnete, dass dies nur ein Vorwand war, um ihn sprechen zu können, rastete der Major aus. „Was fällt Ihnen ein, mich derart zu ködern. Nicht nur, dass Sie gewisse Erwartungen geweckt haben; Sie haben mich auch in der ganzen Einheit blamiert. Die wenigsten wussten bisher davon." Der Major kam immer näher und schob ihn mit dem Ellenbogen am Hals bis an die Wand.

Luca röchelte: „Es gibt ein Riesenproblem. Mit der Substanz. Von GIGA TERRA."

„Woher kennen Sie dieses Codewort?" Der Major lockerte seinen Griff ein wenig.

„Angesichts Ihrer Reaktion tue ich mich schwer, Ihnen das anzuvertrauen. Ich arbeite beim BND. Das sollte als Hinweis ausreichen. Meine Quelle werde ich Ihnen nicht nennen."

„Das sollten Sie aber, sonst sehen Sie Ihr Land niemals wieder."

Luca merkte, dass er so nicht weiterkam. Sicher schwang da beim Major die Frustration mit, dass er doch keine Nachricht von seinem Sohn im Gepäck hatte.

Luca versuchte es direkter: „Es gibt noch eine zweite Mission. Die Amerikaner machen sich parallel mit der Klimamission TOTAL RESET auf den Weg in die Stratosphäre."

Vielleicht hatte Grace den Start der amerikanischen Mission bereits aufhalten können. Aber bei der aktuellen Starrsinnigkeit der USA glaubte er das nicht. Wenn er diese Information nachschob, hörte der Major ihm sowieso nicht mehr zu. So viel Erfahrung hatte Luca. Er spürte, wenn sein Gegenüber den Geduldsfaden verlor.

Kalinin blieb skeptisch: „Was erzählen Sie da für eine Märchengeschichte? GIGA TERRA ist ein Forschungsauftrag, um Wetterdaten auszuwerten."

„Das stimmt nicht. Das Material, das Ihr da hochtransportiert, zerstört die Ozonschicht."

„Hören Sie auf, so einen Blödsinn zu erzählen." Der Major hatte genug gehört. Ausgerechnet kurz vor dem Start eines so wichtigen Projektes war er auf diesen Störenfried hereingefallen.

Vor der Tür wartete ja noch die Eskorte. Er nahm den Ellenbogen von Lucas Hals und befahl die beiden Unteroffiziere herein.

Luca rieb sich vorsichtig an der schmerzenden Druckstelle.

„Dieser Mann ist ein gefährlicher Lügner. Bringt ihn sofort zu Sascha Smirnov. Ich werde unseren Kommandanten parallel informieren, während ihr auf dem Weg zu ihm seid. Passt auf, dass er euch nicht entwischt."

Luca konnte ihr Russisch gut verstehen. Der größere der beiden Unteroffiziere nahm ein Paar Handschellen aus der Tasche. Er ließ eine Hälfte davon um Lucas Handgelenk schnappen und dockte ihn mit der anderen Hälfte an sich an. Luca wehrte sich nicht. Dass er mit dem Leiter der Basis sprechen konnte, war seine Chance.

Sie fuhren mit dem Jeep erneut über das Gelände.
Inzwischen war es dunkel. Die Nacht war leicht bewölkt und mild. Eine etwas mehr als halb volle Mondsichel war kurz vorher am Horizont erschienen. Am Ende der Sackgasse

parkte der kleinere der beiden Unteroffiziere den Jeep auf einer Art Plattform, die sich als versteckter Fahrstuhlschacht entpuppte.

Innerhalb von ein paar Sekunden wurden sie vom Erdboden verschluckt und segelten fast wie in Zeitlupe eine Minute lang ins Erdinnere. Nur das Licht der Jeep-Armaturen zeichnete für Luca die Umrisse seiner beiden Begleiter ab, bis es langsam wieder heller wurde.

Die Plattform bremste abrupt ab. Sie fuhren durch einen unterirdischen Tunnel ins grelle Neonlicht eines halbleeren Parkhauses hinein.

Luca wurde aus dem Jeep gezerrt. Sie gingen durch einen langen Flur des unterirdischen Bürotraktes und brachten ihn in einen Warteraum neben Smirnovs Büro.

Es waren noch zweieinhalb Stunden bis zum geplanten Start von GIGA TERRA. In dem hellgrau getünchten Raum standen nur ein abgenutztes bordeauxrotes Sofa und zwei einfache Stühle aus Kiefernholz; dann gab es noch neben einer uralten Anrichte eine Durchgangstür zum Büro nebenan. Nachdem der Unteroffizier die Handschellen gelöst hatte, setzte Luca sich. Die Eskorte verließ den Raum.

Was war, wenn sie ihn hier einfach bis nach dem Start festhielten? Eine Welle der Nervosität stieg in ihm auf. Er versuchte, sich zu beruhigen und erst mal abzuwarten.

Alle zwei, drei Minuten schaute er zur Uhr. Er konnte kaum einen klaren Gedanken fassen und zählte die Sekunden. Eine Stunde vor dem Start rüttelte er an der Tür in Richtung Flur. Sie war abgeschlossen. Er klopfte mit der Faust mehrmals dagegen. Beim zweiten Mal drehte sich der Schlüssel im Schloss und der Fahrer des Jeeps steckte seinen Kopf durch die Öffnung. Er fragte auf Russisch, was los sei.

„Ich muss sofort den Kommandanten des Stützpunktes sprechen. Sonst passiert ein Unglück."

Er erhielt nur als Antwort, dass er sich das Drama sparen könne, sonst würden sie nachhelfen und ihn ruhigstellen.
Luca war verzweifelt.
Vierzig Minuten später hörte Luca Schritte auf dem Flur und dann öffnete sich plötzlich doch noch die Durchgangstür zu Smirnovs Büro. Der Leiter des Stützpunktes trat ein.
Er hatte zunächst sämtliche Startvorbereitungen abgeschlossen und dann das Kommando kurz seinem Stellvertreter überlassen. Kalinin hatte ihm erklärt, dass GIGA TERRA geleakt worden sein musste.
Luca blickte in seine Augen und fand darin keine Aggression. Beide setzten sich.
Luca begann ganz vorsichtig auf Englisch: „Kennen Sie sich aus mit dem Klimawandel?"
Sascha Smirnov rollte mit den Augen. „Für solche Sperenzien habe ich keine Zeit. Ich muss in zwanzig Minuten ein wichtiges Startprozedere abwickeln."
Luca korrigierte sich: „Ich will nur wissen, ob Ihnen klar ist, dass sich bei Vulkanausbrüchen das Klima durch schwefelhaltige Aerosole verändern kann?"
Sascha Smirnov zog die Augenbrauen hoch und antwortete mit einem langgezogenen „Jaaaa."
„Mit GIGA TERRA soll solch ein Vulkanausbruch künstlich realisiert werden."
Der Kommandant fühlte sich etwas überrumpelt. Genau das hatte er ja heimlich recherchiert. „Das ist mir bekannt."
Luca atmete auf. „Dann wissen Sie vielleicht auch, dass die Schwefelsäure die Ozonschicht angreift?"
Smirnov: „Das habe ich mal gehört."
Luca fuhr fort: „Die Amerikaner werden morgen ebenfalls eine Aerosol-Mission starten. Ihr Codewort lautet TOTAL RESET. Sie verwenden allerdings Kalk, da bleibt die Ozon-

schicht vollkommen intakt. Zwei unabgestimmte Missionen würden das Klima komplett überfordern."

Smirnov erschrak: „Woher haben Sie diese Details?"

„Am Rande der letzten internationalen Konferenz hat mir das einer der Wissenschaftler anvertraut." Luca benutzte bewusst die männliche Form, um Grace nicht in Schwierigkeiten zu bringen.

Der Kommandant fragte nach Lucas Namen. Jetzt war der richtige Moment, das Risiko einzugehen. Er glaubte, eine Vertrauensbasis gefunden zu haben. „Ich heiße Luca Barbieri und arbeite für den BND."

Smirnov scrollte auf seinem mitgebrachten Tablet ein wenig hin und her und fand seinen Namen und sein Foto tatsächlich auf der Liste des deutschen Geheimdienstes.

Der Kommandant nickte kurz. Er runzelte die Stirn und dachte nach. Es schien hier wirklich eine Katastrophe zu drohen. Er war in der Zwickmühle. Eigentlich begriff er, was da auf sie zurollte. Das wollte er nicht. Aber er konnte jetzt nicht einfach so kurzfristig den Start abbrechen. Dann kam er in Teufels Küche. Bei allem Verständnis für Lucas Anliegen durfte er nicht vergessen, dass er Russland zu dienen hatte. Auch wenn er viele Zweifel am russischen System hegte: Das, was dieser Agent von ihm wollte, war einfach unmöglich!

Smirnov bewegte sich auf die Tür zu, um die Wachen hereinzubitten. Bevor er die Tür öffnen konnte, stürzte sich Luca auf ihn und bedrohte ihn von hinten mit einem spitzen Gegenstand direkt an seiner Halsschlagader.

Luca hatte die Wartezeit gut genutzt und den morschen hinteren Fuß der Anrichte traktiert. Nach einer Viertelstunde war er splitternd gebrochen und gab eine passable Waffe ab. Seinen Revolver hatte er in einem Schließfach am Genfer Flughafen zurücklassen müssen, um unauffällig durch die Kontrollen zu gelangen.

„Nur ein Ton und du kannst dir die Radieschen von unten ansehen", stellte Luca klar. Auf Smirnovs Stirn waren im Nu lauter kleine Schweißperlen zu erkennen. Luca zwang ihn zurück in sein Büro und forderte ihn auf, ihm den Weg zum Serverraum zu erklären.

Smirnov röchelte: „Der befindet sich zwei Zimmer weiter fluraufwärts. Aber da kommt man so nicht rein."

Luca bohrte mit seiner improvisierten Waffe immer tiefer in den Hals des Kommandanten.

Die ersten Blutstropfen rannen an seinem Kehlkopf entlang. „Da können Sie mir bestimmt mit dem passenden Schlüssel weiterhelfen."

Smirnov fingerte an einem Schreibtisch herum, öffnete die oberste Schublade und wühlte ein kleines Kästchen heraus. Dann drückte er ihm den Generalschlüssel in die Hand.

Immerhin schien der Kommandant zu kooperieren. Lag es daran, dass er Lucas Beweggründe innerlich akzeptierte, oder war er zu feige, sich zu wehren?

Luca zog aus seiner Hosentasche die Textilstreifen hervor, die ihm vor zwei Stunden noch als Unterhemd gedient hatten, knebelte Smirnov damit und fesselte ihn an seinen Schreibtischstuhl.

Dann ging alles ganz schnell. Luca öffnete blitzartig die Tür von Smirnovs Büro. Das Überraschungsmoment half ihm. Der kleinere der beiden Unteroffiziere fingerte an seinem Pistolenhalfter.

Luca rannte auf ihn zu. Er holte mit dem klobigen Briefbeschwerer aus, den er auf Smirnovs Schreibtisch gefunden hatte. Luca traf den Unteroffizier mit voller Wucht an seiner linken Schläfe, als dieser gerade versuchte, seine Waffe auf ihn zu richten. Die Pistole fiel auf den Boden. Luca griff im Windschatten des taumelnden Gegners danach. Der größere der beiden Unteroffiziere hatte Mühe in dem Handgemenge den richtigen Gegner auszumachen. Er kassierte trotz eben-

falls gezückter Waffe in dem Moment, in dem Luca und er zum ersten Mal einen direkten Blick aufeinander erhaschten, einen Schuss in den rechten Oberarm. Luca war schneller gewesen. Die zweite Pistole ging zu Boden.
Aus Richtung des Treppenhauses hallten plötzlich ein paar entfernte Geräusche herüber. Luca sprintete so schnell wie möglich in die entgegengesetzte Richtung, den Flur hinauf zum Serverraum. Er zog den Schlüssel aus seiner Hosentasche. Nach zweimaliger Umdrehung ließ die Tür sich öffnen. Er stand direkt vor einem riesigen Serverturm in der Mitte des Raums. Vorsichtshalber hatte er aus Smirnovs Schreibtisch weitere Gegenstände mitgenommen, die er als Werkzeug benutzen konnte. Mit einem filigranen Brieföffner versuchte er, die Abdeckung des Servers zu öffnen. Ein lautes Knacken und er hatte die Rückseite freigelegt.
Luca schaute noch einmal auf die Uhr. Es war 22.55 Uhr. Mehrfach rutschte er bei dem Versuch ab, die Schrauben des Platinenteils zu entfernen.
Dann hörte er Schritte direkt auf dem Flur. Durch den Schuss wurden sicher weitere Soldaten auf den Plan gerufen. Aber er hatte ja die Tür vom Serverraum von innen abgesperrt.
Plötzlich hörte Luca eine Sirene. Das eindringliche Hupen kam ganz aus der Nähe und setzte sich in seinem Gehör fest. Luca beeilte sich. Er hatte alle Schrauben gelöst.
Jetzt riss er sämtliche Platinen aus der Steckleiste, warf sie auf den Fußboden, fackelte nicht lange und zertrat sie mit voller Wucht. Es war vollbracht. Jetzt musste er nur noch wieder hier rauskommen.

Kapitel 16

Smirnovs Vertreter Sokolow saß im Kontrollraum zusammen mit Kalinin und sieben anderen Offizieren. Sie hatten sich schon gewundert, dass Smirnov nicht wieder aufgetaucht war. Über Funk war ihnen ein Schusswechsel aus dem Bürotrakt gemeldet worden. Sokolow schrie Befehle zur Ergreifung des Täters ins Funkgerät. Die Sirene begann laut zu dröhnen. Eine Minute später waren alle Bildschirme dunkel. Sämtliche Kontrolllampen auf den Pulten blinkten rot. Die Alarmsirene wurde noch lauter.

Sokolow brach den Start offiziell ab und eilte zusammen mit Kalinin in den Bürotrakt, um sich ein persönliches Bild von der Lage zu machen. Ein Sanitäter beugte sich bereits über den immer noch bewusstlosen Unteroffizier.

Sokolow fand Smirnov gefesselt in seinem Büro. Als er ihn von dem Knebel befreite, rief der Kommandant: „Der Deutsche muss es bis in den Serverraum geschafft haben!" Beide gingen zwei Räume weiter den Flur hinauf, aber die Tür war verschlossen. Smirnov befahl Kalinin aufzuschließen. Sie fanden die völlig zerstörten Platinen auf dem Fußboden, aber keine Spur von dem BND-Mann. Wie war er hier herausgekommen? Er musste im hinteren Teil des Raums unter die Tischreihe gekrochen sein und einen der Lüftungsschächte geöffnet haben. Der geschlitzte Deckel des Schachtes lag unweit der Öffnung auf dem Boden. Kalinin kannte als Leiter der Instandhaltung alle Details des Tunnelsystems. Er zögerte nicht lange und stieg ihm durch das Einstiegsloch hinterher.

Der Major musste sich erst einmal an die Dunkelheit gewöhnen. Vor seinem geistigen Auge sah er den Grundrissplan. Da waren mehrere schmale viereckige Schächte auf horizontaler Ebene, die nach einigen Dutzend Metern in einer Art

aufsteigendem runden Kamin mündeten. Er robbte langsam auf dem Bauch vorwärts. Vor sich hörte er den BND-Mann bereits auf den Trittstufen des Kamins.
Kalinin benötigte ein paar Minuten, bis er den ersten Schacht verlassen konnte. Er versuchte leise zu sein, damit seine Verfolgung nicht sofort bemerkt wurde. Der zweite Schacht war wesentlich größer. Auf der rechten Seite waren gebogene Eisenstangen als Tritte in der Kaminwand verankert worden. Kalinin ertastete im Dunkeln mit der Hand eine Sprosse auf seiner Höhe und versuchte, mit den Füßen Halt zu finden. Er musste etwa dreißig Meter weiter nach oben gelangen. Jetzt konnte er nicht mehr unbemerkt bleiben. Die Sprossen lagen jeweils einen halben Meter auseinander. Jeder Klimmzug kostete Kraft. Seine Atemzüge keuchten hörbar in dem wenig schallschluckenden Schacht. Nur noch zehn Meter. Über ihm wurde anscheinend Gewalt auf den Gullideckel ausgeübt. Luca hatte mit Hilfe der kargen Notbeleuchtung eine Plombe am Deckel erkannt und benutzte den Griff des Brieföffners, um diese zu zerstören. Immer wieder versuchte er, im Halbdunkel die neuralgische Stelle zu treffen. Luca war hochkonzentriert. Nach mehr als zwanzig Versuchen fiel die Plombe endlich ab. Jetzt musste er sein ganzes Körpergewicht einsetzen und versuchen, den Deckel mit dem Rücken anzuheben. Es war schwer, im Schacht dafür Halt zu finden. Er stützte sich mit einem Fuß auf der Gegenseite ab und musste aufpassen, dabei nicht abzurutschen. Luca nahm alle Kraft zusammen und drückte den Deckel nach oben. Dieser wog bestimmt zwanzig Kilo. Dann kippte er seinen Oberkörper leicht nach rechts und konnte so die Kante auf der oberirdischen Betoneinfassung abstellen.
Kalinin war nur noch einige Meter von ihm entfernt.
Luca schob mit letzter Kraft den Deckel komplett zur Seite. Das Mondlicht half ihm, sich endlich wieder ein wenig zu orientieren. Kalinin erreichte die Stufe direkt unter ihm,

fischte nach seinen Beinen und umklammerte eines davon. Da Luca gut durchtrainiert war, schaffte er es, sich loszureißen. Anschließend trat er mit voller Wucht nach unten und erwischte mit seinem scharfen Absatz Kalinins Oberarm und dann seine Schläfe. Kalinin hatte Mühe, sich festzuhalten und nicht in den Schacht hinabzustürzen. Luca nutzte die Gelegenheit, schob sein rechtes Bein über die Kante und sah zu, dass er aus dem Schacht entkam.
Auch hier oben hörte man die Sirene. Luca nahm außerdem in der Ferne das Geräusch eines Helikopters wahr. Er versuchte, so schnell wie möglich, die Umzäunung zu erreichen. Dazu musste er ungefähr hundert Meter gepflasterte Fläche überqueren.
Neben dem Fahrstuhlschacht gab es eine weitere riesige Luke. Dort hatten sie versucht, den Ballon zu starten. Dessen Hülle war bereits zur Hälfte mit Edelgas befüllt worden. Durch den Abbruch des Starts hatte sich allerdings die Luke wieder geschlossen und klemmte nun den Stoff ein. Die Kraft der Hydraulik presste den halbvollen Ballon im Inneren auf die Steuerungs- und Messvorrichtungen. Luca schaute mitten im Lauf kurz nach rechts. In dem Moment, als der Stoff riss, gab es einen lauten Knall. Der platzende Ballon demolierte die komplette Apparatur. Luca erschrak und wurde durch den Luftdruck zu Boden geworfen. In diesem Moment schoss ihm durch den Kopf: ‚Hoffentlich hat sich unten im Kontrollraum niemand verletzt!'
Luca rappelte sich wieder auf. Er musste weiter. Als er den etwa vier Meter hohen Zaun erreichte, blickte er sich noch einmal kurz um und sah Kalinin aus dem Lüftungsschacht kriechen. Außerdem tauchte der erste Jeep aus dem Fahrstuhl auf. Luca versuchte, möglichst konzentriert in die Löcher des Maschendrahtzauns hineinzugreifen, um möglichst schnell emporzukommen. Seine schlank auslaufenden Straßenschuhe halfen ihm dabei, Fuß zu fassen.

Als er oben in den Bereich des Stacheldrahts kam, begannen Kalinin und ein weiterer Wachsoldat ebenfalls hinaufzuklettern. Unten zog ein zweiter Wachsoldat die Pistole aus seinem Halfter, begann nach oben zu zielen und brüllte auf Russisch eine ultimative Warnung.
Der Stacheldraht bohrte sich in Lucas Lederjacke. Er versuchte, sich mit einer Hand zu befreien. Beim Überqueren der Oberkante riss er sich das linke Hosenbein auf. Seine Jeans färbte sich dort in Sekundenschnelle blutrot. Nun war er auf der anderen Seite und versuchte, aus drei Metern Höhe hinunterzuspringen. Das gelang erstaunlich gut.
Unten wartete er einen Moment, um sich zu orientieren, und sah plötzlich direkt in die Mündung der Pistole des zweiten Wachsoldaten. Dieser fackelte nicht lange und drückte ab. Luca zuckte zur Seite und hatte Glück, dass der Maschendraht die Kugel ablenkte. Nur ein Streifschuss an der Schulter. Er drehte sich um und rannte, so schnell er konnte, Richtung Waldrand. Gleichzeitig hörte er den Helikopter immer näherkommen.
Der Wachsoldat hatte aus seinem Fehler gelernt und tauchte nun mit dem Pistolenlauf durch den Maschendraht hindurch. Dadurch hatte er aber Mühe, zu zielen, und verfehlte den davoneilenden Luca. Es folgten ein paar laute Flüche auf Russisch. Zum Glück hatte Luca nun den Waldrand erreicht. Kalinin und der andere Wachsoldat kämpften noch immer oben am Zaun mit dem Stacheldraht.
Luca versuchte, erst einmal möglichst viel Raum zwischen sich und seine Verfolger zu bringen. Waren die Baumkronen dicht genug, um im Morgengrauen dem Helikopter die Sicht zu nehmen? Was war, wenn sie Hunde einsetzten? Tausend Fragen schossen ihm durch den Kopf.
Nach etwa zwei Kilometern prüfte er kurz seine Verletzungen. Viel Blut hatte er zum Glück nicht verloren. Aber

um die Blutspur für eine Hundestaffel zu verwischen, sollte er so schnell wie möglich irgendein Gewässer erreichen.
Luca hatte im Taxi auf dem Weg zum Warschauer Flughafen das Gelände auf der Satellitenkarte grob studiert. Er müsste jetzt in östlicher Richtung unterwegs sein, wenn er den Stand des Mondes richtig interpretierte. Der Sonnenaufgang würde ihm weiterhelfen, sich genauer zu lokalisieren. Im Osten verlief in etwa drei bis vier Stunden Entfernung der Fluss namens Seja, an dem seine Taxifahrt entlanggeführt hatte. Den musste er möglichst schnell erreichen, wenn er hier wieder rauswollte.
Als das Adrenalin nachzulassen begann, nahm Lucas Erschöpfung zu. Im Halbdunkel, mitten in der Nacht, den Weg durch das Unterholz zu finden, war nicht einfach. Auch wenn das schwache Mondlicht die Sache erleichterte. Das machte ihn aber gleichzeitig auch sichtbarer für den Helikopter. Er wechselte mehrfach leicht die Richtung, immer wenn die Suchscheinwerfer sich näherten. Zweimal probierte er im Gebüsch Deckung zu finden, als der Hubschrauber fast über ihm war. Nach etwa einer halben Stunde hörte er lautes Hundegebell aus Richtung des Cosmodroms. Sie hatten also seine Fährte aufgenommen. Er versuchte einen leichten Trab, wie bei seinem wöchentlichen Lauftraining. Das war schwierig, weil sein Bein zu schmerzen begann. Der Stacheldraht hatte dort eine tiefe Wunde gerissen.
Eine Stunde später scheuchte er ein paar Wildschweine auf. Wer sich mehr erschrak, die Bache mit ihren Frischlingen oder Luca, ließ sich schwer sagen. Er versuchte, sich wieder zu beruhigen. Da er stellenweise im matschigen, mit viel Laub bedecktem Boden versank, war sein Trab sehr kräftezehrend. So hilfreich seine Straßenschuhe beim Übersteigen des Zauns waren, so sehr erschwerten sie jetzt sein Fortkommen. Er versuchte, sich zusammenzureißen.

Seit den letzten dreißig Minuten ging es leicht bergauf und der Wald wurde lichter. Wenn die Flucht jetzt nicht gelang, kam er nie wieder aus diesem Land heraus. Sein Wiedersehen mit Grace war genug Motivation, um die heftigen Schmerzen zu verdrängen.
Der Helikopter war anscheinend nicht mehr im Einsatz. Dafür vernahm er das Hundegebell jetzt umso lauter. Er konnte sich keine Pause erlauben. Luca musste es bis zur Seja schaffen.
Allmählich begann die Morgendämmerung heraufzuziehen. Lautes Vogelgezwitscher machte Mut für den neuen Tag. Luca sammelte seine letzten Reserven zusammen. Hoffentlich hatte er einigermaßen die Richtung gehalten. Die Hundemeute war bereits bedenklich nahe.
Nach weiteren fünfzehn Minuten erreichte er den Kamm des Hügels und konnte etwa fünfhundert Meter hangabwärts den Fluss erkennen. Er korrigierte etwa zehn Grad nach links, um nicht an der Biegung des Flusses vorbeizulaufen.
Die hohen Bäume vereinzelten sich. Dafür wurde das Buschwerk wieder dichter. Jetzt rannte er so schnell er konnte. Immer wieder peitschten ihm feine Äste ins Gesicht. Seine Arme waren zu müde, um sämtliches Gestrüpp beim Laufen schnell genug aus dem Weg zu räumen.
Noch hundert Meter. Sie hatten oben am Kamm die Hunde losgelassen. Er brauchte sich noch nicht einmal umschauen. Das plötzliche Aufjaulen signalisierte ihm, was dort oben los war. Er konzentrierte sich auf den Fluss. Die Seja hatte durch die Niederschläge der letzten Wochen extrem zugenommen. Er musste eine passende Stelle finden, um nicht sofort von der Strömung unter Wasser gerissen zu werden. Er peilte den flachsten Uferabschnitt an, den er ausmachen konnte. Die Hunde waren jetzt nur noch wenige Meter entfernt. Lucas Atem war nicht viel mehr als nur noch ein flaches Hecheln.

Er durchpflügte das Schilf am Ufer und warf sich mit letzter Kraft in den Fluss.
Luca wurde sofort mitgerissen. Das war verdammt knapp! In seinem hintersten Augenwinkel nahm er drei Schäferhunde wahr, die er verwirrt am Ufer zurückgelassen hatte. Dass sie ihm nicht ins Wasser folgten, konnte nur bedeuten, dass diese Stromschnellen nicht ganz ungefährlich waren.
Jetzt waren auch die Hundeführer im Schilfdickicht angekommen. Er hörte Schüsse. Luca hoffte, dass er schon zu weit entfernt war, als dass sie ihn hätten treffen können. Er tauchte kurz Richtung eines vorbeischwimmenden morschen Astes und versuchte dahinter Deckung zu finden. Dann zog er blitzschnell seine Lederjacke aus und ließ sie ein wenig entfernt treiben. Der Trick wirkte. Ein paar Projektile zerfetzten ein paar Meter weiter seine Jacke. Leichte Panik stieg in ihm auf.
Luca konzentrierte sich auf die Strömung. Er hatte auf dem Satellitenbild gesehen, dass die Seja bei Blagoveshchensk in den Amur mündete. Das war seine Chance. Vielleicht konnte er einen Anleger finden. Oder eines der hier verkehrenden Schiffe nahm ihn auf, wenn er nicht vorher ertrunken war. Einige Passagen waren in seinem entkräfteten Zustand wirklich abenteuerlich. Immer wieder passierte er diese kleinen grünen Inseln inmitten des Flusses, die er auf dem Hinweg vom Taxi aus bestaunt hatte. Direkt hinter so einer Insel geriet er in einen Strudel, aus dem er sich mit letzter Kraft befreien konnte. Als er das verschluckte Wasser ausspie, war ihm, als müsse er sich übergeben. ‚Reiß dich zusammen!', schoss es ihm durch den Kopf. ‚Du hast es fast geschafft'.
Dann kam ein etwas breiterer Flussabschnitt, der ruhiger war. Nach etwa zwanzig Minuten hörte er flussabwärts das leise Dieselgeräusch eines immer näherkommenden Frachters. Er versuchte, sich auf dem Rücken treiben zu lassen, um auf sich aufmerksam zu machen. Sein dunkles Hemd

hatte ihm vorhin gute Deckung im Geäst ermöglicht. Aber jetzt hob er sich damit für das Personal des Frachters kaum vom bräunlich-schmutzigen Wasser ab. Er stieß das morsche Treibgut von sich weg und begann mit dem rechten Arm langsame regelmäßige Bewegungen zu machen. Das Schiff kam näher. Luca konnte die Kommandobrücke erkennen und versuchte, heftiger zu winken. Plötzlich verlor der Frachter an Geschwindigkeit. Hatten sie ihn bemerkt? Mehrere Männer in schmutzigen T-Shirts und knielangen Hosen erschienen an Deck. Luca konnte es kaum glauben. Ja!
Schnell ließ er den Revolver des russischen Wachmannes, der hinten in seiner Hose steckte, ins Wasser gleiten. Der würde ihm jetzt eher schaden …
Das Schiff hatte den Motor abgestellt und trieb neben ihm im Fluss. Luca schwamm näher. Sie ließen ein Seil mit einem Gurt herunter. Es waren etwa fünf Meter bis zum Schiffsdeck des Frachters. Luca versuchte, mit den Armen hineinzuschlüpfen und es unter seinen Achseln zu fixieren. Dann begannen die Männer langsam das Seil hochzuhieven. Ein anstrengendes Unterfangen für beide Seiten. Nach etwa drei Minuten gelangte Luca an die Brüstungskante und wurde an Bord gezogen. Er war vollkommen erschöpft und brach auf dem Deck zusammen. Luca hörte nur noch, wie der hinzugeeilte Kapitän mit seinem Stellvertreter diskutierte, ob sie ihn der Militärpolizei übergeben sollten.

Teil II

Oktober 2015

Kapitel 17

Rückblende in das Jahr 2015

Die Pariser Klimakonferenz stand kurz bevor. Viele UN-Gipfel waren bisher an der Größe der Aufgabe gescheitert. Grace war achtzehn Jahre alt. Sie hatte vor zwei Jahren begonnen, sich für das Thema Klimawandel zu interessieren. In ihrer Familie fand sie dafür kein Verständnis.

Ihre Eltern hatten ihr zum Abschluss an der High School eine Reise nach Rom geschenkt. Sie wusste, Fliegen war problematisch für das Klima. Grace hatte sich dazu zwei Dinge überlegt. Sie wollte den Besuch in Rom mit einer Teilnahme an der Klimakonferenz in Paris kombinieren. In Europa konnte sie dann mit dem Zug von einer Hauptstadt zur nächsten weiterreisen. Und sie wollte ihren Flug kompensieren. Man konnte wegen des entstandenen CO_2 zum Beispiel Bäume pflanzen lassen. Die nahmen im Rahmen ihres Wachstumsprozesses tagsüber CO_2 wieder aus der Atmosphäre heraus und produzierten daraus Sauerstoff. Damit versuchte man, den Schaden auszugleichen.

Grace stritt sich mit ihrer Mutter über die zusätzlichen hundert Dollar, die das kosten sollte. Es ging gar nicht ums Geld. Ihr Vater hatte vor Kurzem im Vertrieb eines Herstellers für Smartphones als Teamleiter angefangen.

Es ging darum, dass ihre Mutter diese Ideen von Grace als ‚spinnert' abtat. „Willst du das Geld einfach so zum Fenster rausschmeißen? Das kannst du doch besser anlegen. Ich bin mir wirklich nicht sicher, ob dieser Klimawandel überhaupt existiert."

Grace hatte sich einer Initiative angeschlossen, die versuchte, mit Aktionen auf den Klimawandel aufmerksam zu machen.

Sie nannten sich simpel und für jedermann verständlich *Bündnis für das Klima*. Dort hatte sie ein Seminar zum Thema Klimawandelleugner besucht. Der fossilen Großindustrie war es gelungen, Zweifel an der Existenz des Klimawandels zu streuen. Sie spendeten für pseudowissenschaftliche Vereine von selbsternannten Experten. Diese Fake-Spezialisten arbeiteten mit unvollständigen Daten, die absichtlich in die Irre führten. Sie veranstalteten Tagungen und ließen sich gern prominent zu Vorträgen einladen. Dass siebenundneunzig Prozent der Wissenschaftlerinnen und Wissenschaftler zu anderen Ergebnissen kamen, darüber sprachen sie nicht.

Oft reichten leise Zweifel aus, damit Menschen weiter im Verdrängungsmodus blieben. Dann beschäftigten sie sich gar nicht erst mit den wissenschaftlichen Details. Die Notwendigkeit, ihr Verhalten Richtung eines CO_2-freieren Konsums zu ändern, erübrigte sich damit. Genau das wollte die Kohle-, Öl- und Gasindustrie. Sie setzten auf die Bequemlichkeit der Menschen. Es war einfacher, denjenigen zu glauben, die keine Änderung der Gewohnheiten forderten.

Ein typisches Argument der Klimaskeptiker war zum Beispiel: ‚Den Klimawandel hat es ja immer schon gegeben'. Sie leiteten daraus ab, dass das Problem nicht vom Menschen, sondern von der Natur ausgehen musste. Ihre Aussage war erst einmal richtig, nur die Schlussfolgerung war die falsche. Die Erde war vor etwa fünfunddreißig Millionen Jahren tatsächlich komplett eisfrei gewesen. Das konnte man anhand der Sauerstoffanalyse von Tiefseesedimenten belegen. Forscherinnen und Forscher erklärten diese starken Temperaturanstiege mit der Öffnung von Meerespassagen durch driftende Erdschollen. Da der überwiegende Teil der Wärme vom Wasser der Ozeane aufgenommen wurde, hatten veränderte Meeresströmungen einen großen Einfluss auf den Temperaturhaushalt der Erde. So weit so gut. Es gab also den Klimawandel tatsächlich schon lange, bevor der Mensch eingegriffen hatte.

Aber rechtfertigte dies, dass die Menschen den Klimawandel nun in einer noch nie dagewesenen Geschwindigkeit innerhalb einer Generation selbst auslösten?

Eine weitere Behauptung war, dass die Sonnenzyklen im Planetensystem die Ursache für den Klimawandel waren. Das klang so schön plausibel. Und sicher fand man Ausschnitte auf der Zeitachse, wo das auch stimmte. Aber spätestens die komplette Aufzeichnung aller Parameter vom Anfang bis zum Ende des Zeitstrahls zeigte, dass nicht die Sonnenaktivität mit der aktuellen Temperaturerhöhung korrelierte, sondern der Ausstoß der Treibhausgase. Siebenneunzig Prozent aller Wissenschaftler waren sich einig darin, dass der Klimawandel menschengemacht war.

Grace hatte mehrfach versucht, diesen Sachverhalt ihrer Mutter zu erklären. Aber Zuhören war nicht wirklich deren Stärke. Bei ihr hatten die Klimaskeptiker genau ihr Ziel erreicht, dass sie das Problem lieber verdrängte. Das schien zunächst der leichtere Weg zu sein. Sich damit auseinanderzusetzen, bedeutete psychologisch erst einmal, einen gewissen Frust zu akzeptieren. Das lag an der Ohnmacht angesichts der Größe des Problems.

Grace hatte verstanden, dass man diesen Frust überwinden konnte, wenn man anfing, etwas gegen den Klimawandel zu unternehmen. Und das tat man am besten mit mehreren gemeinsam. Dann wandelten sich die negativen in positive Emotionen. Das Ohnmachtsgefühl war weg. Und wenn alle zusammen etwas taten, war das Problem ja lösbar.

Bezüglich der hundert Dollar für die CO_2-Kompensation des Fluges stritt Grace weiter mit ihrer Mutter über den Sinn des Unterfangens. Grace insistierte: „Ich investiere in meine Zukunft. Du musst das ja nicht ausbaden."

Diese Schuldzuweisung konnte ihre Mutter nun gar nicht leiden. Jetzt wollte sie erst recht nicht mit ihr darüber sprechen. Sie lehnte einfach jegliche weitere Kommunikation zu dem Thema ab.

Grace entschied sich, die hundert Dollar einfach von ihrem eigenen Sparkonto zu bezahlen. Irgendwann würde ihre Mutter bestimmt begreifen, dass der Klimawandel real war. Da zwischen Ursache und Wirkung Jahrzehnte vergehen konnten, hoffte sie, dass es dann noch nicht zu spät wäre.

Grace hatte von ihren Freunden beim Klimabündnis gelernt, dass bis zum Jahr 2100 zwei Milliarden Menschen auf der Flucht sein könnten, falls sich der Klimawandel gar nicht bremsen ließe. Dann würde ihnen einfach die Lebensgrundlage, zum Beispiel aufgrund von Überschwemmungen oder Stürmen sowie Mangel an Nahrung oder auch Trinkwasser, fehlen. Allein eine Milliarde Menschen ernährten sich weltweit von Fisch. Die Korallenriffe dienten den Fischen als Kinderstube. Hier vermehrten sie sich. Viele Korallen waren bereits ab einer Temperaturerhöhung von 1,5 °C in Gefahr. Ihrer Mutter war das einfach egal. Grace konnte es ihr nicht näherbringen. Das Jahr 2100 war ja noch so weit weg. Aber ob die Kipppunkte auf dem Weg dorthin überschritten wurden, würde sich in den nächsten Jahren entscheiden. War das denn wirklich so schwer zu verstehen?

Grace dachte darüber nach, sich im Anschluss an ihre Europareise für das Studium der Umweltwissenschaften einzuschreiben. Oder sollte sie sich für das Fach Psychologie entscheiden? Da würde sie mehr darüber erfahren, wie man Menschen dafür gewinnen könnte, beim Klimaschutz mitzumachen.

Je mehr sie sich mit ihrer Mutter stritt, desto mehr wollte sie wissen, wie sich ‚ihr Thema' überzeugender durchbringen ließ. Aber erst mal trat sie bei ihrer Mutter den Beweis an, dass sie nicht wegen hundert Dollar aufzuhalten war. Sie hatte in den Schulferien gejobbt und bezahlte das ganz einfach selbst.

Kapitel 18

Luca hatte im Frühjahr seinen dreiundzwanzigsten Geburtstag gefeiert. Seine Großeltern waren als Gastarbeiter 1955 nach Deutschland gekommen. Luigi Barbieri, sein Großvater, hatte bei Daimler Benz in Sindelfingen einen Job am Fließband angenommen und dort bis zu seinem Ruhestand gearbeitet. Lucas Vater versuchte in jungen Jahren sein Glück als Gewerbetreibender. Er eröffnete einen Pizza-Imbiss in West-Berlin. Der Laden lief gut. Als die Mauer 1989 fiel, verlagerte er sein Geschäft in den Ostteil der Stadt. Er wollte expandieren und eröffnete zwei Pizzerien in Marzahn und in Hellersdorf. Die Barbieris gaben dafür den Imbiss im Westen auf und zogen rüber nach Ost-Berlin. Die Gegend war etwas trostlos und von Plattenbauten geprägt. Aber sie hatten alles, was sie brauchten.

Luca wurde 1992 als drittes Kind in eine liebevolle Familie geboren. Seine Mutter half ab und zu in den zwei Restaurants aus. Ansonsten kümmerte sie sich um die Familie. Er hatte einen vier Jahre älteren Bruder, der ihm in seiner Jugend immer als Vorbild diente. Seine Schwester war zwei Jahre älter und eine gute Spielkameradin. Sie tobten sich beim Federball aus und manchmal nahm er sie auch mit, wenn er nachmittags auf dem Schulhof Fußballspielen ging. Sie war sehr groß für ihr Alter und überragte seine Kumpels um eine Kopflänge. Und in der Abwehr kamen viele der Jungs ins Schlingern, wenn sie an ihr vorbeimussten.

In der Schule kam Luca einigermaßen klar. Als Italiener und gleichzeitig aus dem Westen stammend wurde er immer ein wenig skeptisch beäugt. Sie gaben ihm den Spitznamen ‚Spaghetti', aber das störte ihn nicht weiter. Er hatte zwei gute Freunde, mit denen er allerhand aussheckte. Einmal probierten sie nachmittags hinter dem Schulgebäude gemeinsam

aus, wie die erste Zigarette schmeckte. Seine Mutter bemerkte sofort am Geruch, dass da was nicht stimmte. Ihm war fürchterlich übel. Aber er hielt dicht, als seine Mutter wissen wollte, mit wem er unterwegs gewesen war.
Er mochte den Sportunterricht. Das war sein Lieblingsfach. Hier hatte er immer eine Eins. Sein Sportlehrer schlug vor, dass er nach der Grundschule an die Sporteliteschule Hohenschönhausen wechseln sollte. Seine Eltern waren gar nicht erfreut darüber, weil er dann mit den öffentlichen Verkehrsmitteln durch halb Berlin fahren musste. Sie brachten es aber nicht übers Herz, ihm das auszureden. Sein Vater hätte sich eher gewünscht, dass er etwas ‚Ordentliches' lernte, halt etwas Stinknormales ... Glücklicherweise erkannte seine Mutter zumindest auch die Vorteile einer frühen Förderung seiner Talente.
In der Sportschule ging es nicht mehr ganz so zu wie in DDR-Zeiten. Hart war es trotzdem. Luca belegte als zweite Fremdsprache neben Englisch jetzt Russisch. Er hatte hier mehr Mühe als vorher, Freunde zu finden. Aber das körperliche Training war etwas, das ihm sehr viel Freude bereitete. Er probierte mehrere Sportarten aus. Schwimmen und Geräteturnen waren nicht das Richtige für ihn, das realisierte er sehr schnell. Da er auf der Langstrecke ganz passable Ergebnisse gezeigt hatte, schlug einer der Trainer ihm vor, es mit Biathlon zu versuchen. Dort entpuppte er sich als Riesentalent. Selbst wenn seine Atmung auf Anschlag war, beeinträchtigte das seine Treffsicherheit kaum. Er fokussierte die Scheibe durch das Zielfernrohr und war in der Lage, alles andere auszublenden. Luca schaffte es in den deutschen Jugend-A-Kader. Das Spannendste waren die Wettbewerbe während der Winterzeit in Skandinavien und in den Alpen. Das war sein Lebenselixier. Aber der Erfolg machte einsam. Er wurde mehr und mehr zum Einzelgänger.

Kapitel 19

Grace war gegen Abend in Paris gelandet. Morgen sollte die Klimakonferenz starten. Sie dachte, danach würde sie besser entscheiden können, welches Studium für sie das richtige wäre. Jetzt musste sie aber zunächst ihre Unterkunft finden. Grace hatte diese vor vier Wochen über das Internet gebucht. Die Pension lag irgendwo am nördlichen Rand der Innenstadt. Sie nahm die U-Bahn und lief die Rue Marguerite de Rochechouart entlang. Grace mochte die klassische Architektur dieser engen Gassen. In der Herberge hatte sie als letztes verfügbare Zimmer die Dachkammer ergattert. Der Raum war klein, aber ordentlich. Bett und Stühle schienen schon etwas älter zu sein. Dennoch war alles sehr gemütlich eingerichtet. Ein Bild vom Eiffelturm hing über ihrem Bett. Auf den Tapeten rankten sich altmodische Schnörkel entlang. Das gab der Dachkammer ein richtig nostalgisches Flair.

Ihre erste Reise allein! Es war toll auf eigenen Beinen zu stehen. Das fühlte sich einerseits prickelnd, aber andererseits auch mulmig an.

Sie packte schnell ihren Rucksack aus. Grace freute sich darauf, die viel gelobte französische Küche probieren zu können und verließ noch einmal die Pension. Ein kleines Lokal an der Ecke sah sehr einladend aus. Sie bestellte ein Glas französischen Rotwein, dazu Ratatouille mit Kartoffelgratin. Es mundete fantastisch. Europa begann ihr zu gefallen. Hier schien es etwas beschaulicher zuzugehen.

Sie wechselte ein paar Worte mit dem Kellner und musste schmunzeln, mit welchem Akzent er Englisch redete: „Madame, sind Sie zum ersten Mal in der Stadt der Liebe?"

Sie war vorgewarnt. Sicher mochte sie es, zu flirten. Aber auf ein schnelles Abenteuer war sie nicht aus. Sie antwortete lachend: „Bestimmt schon einmal in meinen Träumen."
Sie genoss die fröhliche Stimmung im Lokal. Aber dann bezahlte sie und versuchte noch ein wenig zu schlafen, bevor es am nächsten Tag losging.
Morgens um fünf wurde sie wach. Vor lauter Aufregung konnte sie nicht wieder einschlafen und entschied sich, noch vor der Konferenz bei der Basilica Sacré Coeur vorbeizuschauen. Die makellose byzantinische Kirche mit der riesigen weißen Kuppel hatte sie fasziniert seit sie das erste Mal ein Foto davon gesehen hatte. Und dann dieser Name: Heiliges Herz.
Grace sprang zuerst einmal unter die Dusche. Danach war sie ein wenig fitter. Auf dem Weg zur U-Bahn bot eine kleine Bäckerei Frühstück an. Es roch schon von Weitem nach frisch gebackenem Baguette. Sie nahm eine ganze Stange und ließ sich Kaffee in ihren Mehrwegbecher einschenken. Die Verkäuferin schaute zuerst ungläubig, verstand aber dann, was Grace wollte. Sie fuhr zwei Stationen mit der U-Bahn und lief dann den steilen Anstieg zur Kirche hinauf. Die vielen Treppenstufen zum Schluss waren mühsam, aber das Ziel vor Augen belohnte sie dafür. Oben angekommen, setzte sie sich auf eine Mauer am Rand und genoss ihr Frühstück. Der Ausblick über ein erwachendes Paris war sehr inspirierend. Der Eiffelturm stach aus dem Teppich der mehrstöckigen Häuser hervor. Grace empfand eines, und das ganz klar: Ihr Herz schlug für Paris!
Grace machte sich gutgelaunt auf den Weg zum Konferenzgelände. Das Klimabündnis hatte ihr eine Eintrittskarte für den Gipfel der Jugend besorgt. Sie war gespannt, was für Menschen sie dort treffen würde. Aufgrund von islamistisch motivierten Anschlägen im Monat zuvor war in Paris der Ausnahmezustand verhängt worden. Das Konferenzgelände

war regelrecht abgeriegelt. Überall patrouillierte das Militär. Das war schon etwas unheimlich.

Grace akkreditierte sich im Eingangsbereich und bekam eine Magnetkarte an einem roten Umhänge-Band. Eine freundliche Dame erklärte ihr in perfektem Englisch, in welcher Halle der Jugendgipfel stattfand.

Übermorgen war sie für eine Session im Hauptgebäude zugelassen, wenn der Jugendgipfel dort seine Ergebnisse vorstellte. Sie erhielt noch eine Übersichtskarte, um sich auf dem Gelände zurechtzufinden. Es war alles riesig hier.

Neben den Plenarsälen für die großen Themen gab es viele Verhandlungsräume für Kleingruppen, dann auch Ausstellungsbereiche, Ruhezonen, Cafeteria- und Restaurantbereiche. Grace war erstaunt, welche Professionalität das alles hatte. Wenn die Ergebnisse der Klimakonferenzen doch auch nur diese Qualität beweisen würden! Es wurde viel um Formulierungen gefeilscht. Sicher war es nicht leicht, hundertsechsundneunzig Nationen unter einen Hut zu bekommen. Aber wenn als kleinster gemeinsamer Nenner nichts mehr übrigblieb, nutzte das auch nichts.

Grace machte sich auf die Suche nach ihrem Konferenzpavillon. Sie betrat den großen Plenarsaal und genoss die Auszeichnung, gemeinsam mit fünfzig anderen Jugendlichen über das Thema Klimagerechtigkeit debattieren zu dürfen. Sie war pünktlich und suchte sich einen Platz im vorderen Drittel zwischen mehreren jungen Frauen. Grace stellte ihre Tasche unter das Pult und testete die Sprechtaste des Mikrofons vor ihr. Eine rote Lampe leuchtete auf. Also alles okay, soweit …

Das weibliche Geschlecht war deutlich in der Überzahl. Ihr war auch schon in ihrer Heimatstadt aufgefallen, dass sich Männer weniger für das Thema interessierten als Frauen. Hatte das vielleicht doch mit diesem Steinzeitschema der Jäger und Sammlerinnen zu tun?

Vor ihrem Abflug hatte sie sich mit ihrer besten Freundin darüber gestritten. Eigentlich mochte Grace keine Vorurteile und war immer für ein gleichberechtigtes Miteinander. Aber jetzt schmunzelte sie beim Anblick der wenigen jungen Männer im Saal in sich hinein. In der Schule hatten sie vor einer Woche ein Video über die historischen Aspekte der Geschlechterrollen gesehen. Es waren überwiegend die Männer, die im Pleistozän umherstreiften und sich das Jagdwild nahmen, das die Natur bot. Frauen sammelten eher Beeren und andere Früchte und begannen, deren Büsche vor ihrer Höhle anzupflanzen. War es also Veranlagung, die Natur entweder auszubeuten oder zu umhegen? Eventuell war da ja doch was dran, dass diese unterschiedliche Grundhaltung heute noch in uns steckte? Und vielleicht war es ja deshalb so schwierig, in den Schaltzentralen der Macht genau *die* Männer zu überzeugen, die auf den Chefposten in der Überzahl waren.

Grace legte diesen Gedanken beiseite und gab den beiden jungen Frauen neben sich die Hand. Sie stellte sich kurz vor. Die streng aussehende Chinesin zu ihrer Rechten schloss sich an: „Ich bin Chuntao und komme aus Beijing. Vor Kurzem habe ich hier an der Sorbonne angefangen, Physik zu studieren." Ihre Nachbarin zur Linken zog nach: „Ich heiße Ahillea und komme von der Inselgruppe der Salomonen in der Südsee. Mein Vater ist dort so eine Art Bürgermeister. Die ersten Inseln drohen jetzt allerdings wegen des steigenden Meeresspiegels weggespült zu werden." Sie war dunkelhäutig und hatte ein rundliches Gesicht. Ihre schwarzen gelockten Haare waren kurz geschnitten. Auf den Haarspitzen lag ein außergewöhnlicher blonder Glanz. So etwas hatte Grace bisher noch nirgendwo gesehen. Neben ihren Mundwinkeln tauchten immer wieder kleine Grübchen auf, während sie sprach.

Diese Begegnung berührte Grace. Sie selbst war ja noch nicht so wirklich direkt betroffen. Aber Ahillea kämpfte für ihre Familie, ihre Freunde und ihre Landsleute. Sie wurde nach der Kaffeepause sogar oben auf das Podium gebeten, um die Situation in ihrer Heimat zu schildern. Sturmfluten machten ihnen mehr und mehr zu schaffen. Aber Klimaflüchtlinge wurden weltweit nirgendwo anerkannt. Das empfand sie als ungerecht. Wenn die weltweite Zunahme an CO_2 ihnen die Lebensgrundlage nahm, dann mussten doch die Verursacher dafür haften? Immer mehr Klimaklagen wurden eingereicht. Es war schon paradox, dass das juristisch erstritten werden musste. Die betroffenen Menschen hatten in der Regel kein Geld, um einen Anwalt zu bezahlen. Und manchmal war es auch sehr schwer, den Klimawandel eindeutig als Ursache nachzuweisen, auch wenn alles darauf hindeutete. Bezüglich des ansteigenden Meeresspiegels gab es keine Zweifel an der Beweislage.

Ahillea war deshalb von einer französischen Klimainitiative eingeladen worden, um später auch im großen Plenum vor den Politikerinnen und Politikern der ganzen Welt zu sprechen.

Grace war sehr inspiriert durch die vielen Menschen, die ähnlich dachten wie sie. In den Pausen genoss sie die Gespräche. Sie lernte sehr viele neue Aspekte des Themas kennen. Grace geriet zum Beispiel in eine Diskussion zweier Wissenschaftler, die sich über das Thema Geo-Engineering austauschten. Grace machte große Augen, als sie von dem Prinzip hörte, dass man spürbare Größenordnungen an Sonnenlicht einfach so reflektieren konnte.

Darüber musste sie mehr erfahren. Sie fragte nach den Namen von Forschungsinstituten, um sich weiter aufzuschlauen. Vielleicht war das ein interessantes Studienthema?

Als auf der Pariser Konferenz dann am Ende ein Beschluss zustande kam, war Grace erleichtert. Die Politiker feierten sich für das Pariser Abkommen. Bislang war es zwar nur eine Absichtserklärung. Aber immerhin. Leider waren die angekündigten CO_2-Reduzierungen völkerrechtlich nicht bindend. Und es gab einen zweiten Wermutstropfen. Addierte man die Pariser Zusagen aller Staaten zusammen, kam man bis zum Ende des Jahrhunderts immer noch auf eine Temperaturerhöhung von etwa 3 °C. Der Beschluss von Paris lautete, möglichst nah an der 1,5 °C-Grenze zu bleiben, um die Wahrscheinlichkeit für das Überschreiten der Kipppunkte auf einem beherrschbaren Niveau zu belassen. Jenseits dieser neuralgischen Wendepunkte waren die Klimaprozesse nicht mehr umkehrbar. Da das niemand wollte, mussten also noch zahlreiche Maßnahmen nachgelegt werden.

Grace dachte schon länger darüber nach, etwas zu studieren, das direkt mit dem Thema Klimawandel zu tun hatte.
Vielleicht war ja der Schwerpunkt Geo-Engineering eine spannende Idee. Sie musste das mal recherchieren. Die verantwortlichen Politikerinnen und Politiker würden schon vernünftig mit dem Klima umgehen. Das hatte Paris gezeigt. Aber vielleicht brauchte die Welt ja so eine Art Back-up-Lösung.

Grace packte am Morgen nach der Konferenz ihre sieben Sachen und checkte aus ihrer Herberge aus. Sie traf sich noch einmal mit Ahillea in einer Bäckerei nahe des Eiffelturms, um ihr zu dem Erfolg ihrer Rede im großen Plenum zu gratulieren.
Sie waren sich durch viele ähnliche Ansichten sehr nahe und vertrauten sich auch ganz Persönliches an. Ahillea sinnierte darüber, ob sie einmal Kinder haben würde, oder ob es besser wäre, aus lauter Zukunftsangst darauf zu verzichten.

Grace war noch nicht so weit. In diesem Punkt hatte sie eine etwas optimistischere Sicht und glaubte daran, dass sich alles noch zum Guten wenden würde.
Sie tauschten ihre Kontaktinfos aus.
Ahillea wollte in London studieren. Ihre Insel war früher eine britische Kolonie gewesen. Sie hatte es geschafft, ein Stipendium zu bekommen. Beide waren sich darin einig, dass es schön wäre, sich noch einmal wiederzusehen. Zum Abschied nahm Grace die zierliche Inselbewohnerin lange in den Arm und wünschte ihr alles Gute.

Kapitel 20

Urs Alder war in einem kleinen Dorf in den Alpen groß geworden. Seine Eltern hatten von einer kinderlosen Großtante am Pilatus eine Hütte mit einem kleinen Waldstück geerbt, als Urs fünf Jahre alt war. Sie hatten ernsthaft überlegt, ob das nicht eine Chance auf ein ganz anderes Leben bieten würde. Sicher wäre das teilweise mit Entbehrungen verbunden, wenn man sich so sehr aus der Zivilisation zurückzog. Aber so ein enges Miteinander mit der Natur entschädigte auch für vieles und wog das ja wieder auf. Urs Vater hatte zuvor als Angestellter beim Schweizer Kanton Luzern gearbeitet und war dort für die Wald- und Forstwirtschaft zuständig. Er kannte sich also in der Theorie gut aus. Aber hier war jetzt die Praxis gefragt. Urs Mutter hatte vorher in einem Zoogeschäft am Stadtrand gearbeitet. Sie liebte Tiere. Sich um ein paar Kühe und Hühner zu kümmern, das konnte sie sich durchaus vorstellen. Sie hatte allerdings keine Erfahrung damit, den großen Obst- und Gemüsegarten zu bewirtschaften, um sich weitgehend selbst zu versorgen. Aber man konnte ja das meiste nachlesen. Und ihr fiel eine entfernte Freundin ein, die sich einen Kleingarten zu ihrem Hobby gemacht hatte. Dort wollte sie sich im Zweifelsfall Rat holen.

Urs Eltern grübelten zwei Wochen lang, diskutierten sehr viel miteinander und kalkulierten das ein oder andere durch. Dann waren sie sich einig. Sie würden ein neues Leben anfangen. Dem kleinen Urs versprachen sie, dass er dort oben endlich einen Hund bekommen sollte. Damit hatte er ihnen ständig in den Ohren gelegen. Eine passende Grundschule gab es unten im Dorf. Und wenn er älter werden würde, müsste er eben mit dem Fahrrad bis zur Bushaltestelle in die nächste Kreisstadt radeln.

Urs wuchs unbeschwert auf. Er tobte gern mit seinem Hund herum. Ein Junge von der benachbarten Hütte hatte sich mit ihm angefreundet. Manchmal half er seiner Mutter bei den Gemüsebeeten aus. Er machte dort vieles intuitiv richtig. Man konnte schon fast sagen, er entwickelte einen grünen Daumen. Urs liebte es, mit seinem Vater durch den Wald zu streifen. Er stellte viele Fragen und saugte alles Wissen auf. Manchmal unterhielten sie sich darüber, dass die Gletscher immer mehr zurückgingen und die Fichten das wärmere Wetter nicht vertrugen. Das machte Urs traurig, weil er nicht verstand, warum Menschen der Natur so etwas antaten. Er konnte nicht begreifen, warum sie unbedingt dieses komische Gas – wie er es nannte – in die Luft jagen mussten.

Als Urs die elfte Klasse besuchte, litt seine Mutter ständig unter Schmerzen im Unterbauchbereich. Sie besuchten mehrere Ärzte, bis klar war, dass seine Mutter unheilbar an Krebs erkrankt war. Das machte ihm schwer zu schaffen. Er und sein Vater versuchten, ihr die ganze Arbeit abzunehmen und sich gleichzeitig, um sie zu kümmern. Die Krankheit schritt schnell voran. Deshalb kam Urs Oma ins Haus, um sie bei der Pflege zu unterstützen. Sie hatte früher als Krankenschwester gearbeitet und konnte ihr Morphium spritzen. Als es zu Ende ging, fuhr Urs nicht mehr zur Schule, sondern saß an ihrem Bett und las ihr vor. Urs litt mit seiner Mutter mit. Wenn sie zwischendurch ihre Umgebung kurz wahrnahm, griff er nach ihrer Hand und versuchte, in ihren Augen zu lesen. Oft weinte er danach. Als sie gegangen war, war der Großteil seiner Lebensfreunde mit ihr verschwunden. Seine Welt war aus den Fugen geraten.

Urs Oma blieb noch ein paar Wochen, um nach dem Rechten zu sehen. Dann entschied sein Vater, die Hütte aufzugeben und wieder in die Stadt zu ziehen. Er hatte das Angebot erhalten, wieder bei seiner Behörde anzufangen, allerdings nicht in seinem alten Fachgebiet. Es fiel ihm schwer, mit seinem Sohn über das, was geschehen war, zu sprechen.

Urs kapselte sich immer mehr ab. Er machte seinen Schulabschluss und schrieb sich im Wintersemester 2015 in Genf für ein Studium der Klimawissenschaften ein. Er wollte der Natur, die ihm seine Eltern nahegebracht hatten, wieder etwas zurückgeben. Sein Schicksal ließ ihn zu einem ernsten jungen Mann heranreifen. Nur wenn er am Wochenende durch die Berge streifte, dann war er glücklich.

Kapitel 21

Grace reiste mit dem Zug nach Rom. Ihre Laune war bestens. Paris, die Stadt der Liebe, hatte ihr so sehr gefallen. Jetzt war sie neugierig, die Ewige Stadt Rom kennenzulernen.

Europa war schon viel geschichtsträchtiger als die Vereinigten Staaten. Seine Historie und seine Architektur reichten einfach weiter zurück. Das spürte man.

Die Fahrt durch das ländliche Frankreich war abwechslungsreich. Auf der Strecke zwischen den Schweizer Alpentunneln wurde sie immer wieder durch einen phantastischen Ausblick auf die schneebedeckten Berge überrascht. Sie genoss das bei einem Glas Chablis und einer Kartoffellauchsuppe im Zugrestaurant. Herrlich! Und dann sah sie von Weitem die sehr einladend wirkenden Dörfer der Toskana. Sie fühlte sich rundherum wohl auf dieser Entdeckungsreise.

Grace hatte in Rom ein Zimmer in einer kleinen Pension am nordwestlichen Rand der Innenstadt gebucht. Es war schon sehr spät, als sie eingecheckt hatte. Sie begab sich gleich zu Bett.

Am nächsten Morgen zog Grace sich nach dem Frühstück ihre dicke Steppjacke an und lief einfach drauflos, Richtung Zentrum. Ihr gefiel die italienische Lebensart und besonders das italienische Essen. Die kleinen Trattorias luden überall zum Bleiben ein. Und die Pizza war so lecker! Der Teig schmeckte ganz anders, als sie das kannte. Irgendein Geheimrezept musste das sein.

Als sie am Trevi-Brunnen ankam, fing es plötzlich an zu schneien. Sie genoss den Moment. Grace reckte ihren Kopf gen Himmel und spürte die Schneeflocken, die sich sanft auf ihr Gesicht legten. Die spätbarocken Meeresfabelwesen wirkten jetzt noch mehr wie aus der Zeit gerückt. Sie musste an das bevorstehende Weihnachtsfest denken und wünschte sich einfach nur, dass ihre Eltern sie ein klein wenig besser verstehen würden.

Grace setzte ihren Spaziergang fort und ließ sich vom Pantheon beeindrucken, dessen Bau bereits 27 vor Christus eingeweiht worden war. Wie hatten sie es nur geschafft, ohne die heutigen Hilfsmittel, diese riesige Kuppel zu bauen?
Sie pilgerte durch das Innere und versuchte, sich in eine andere Zeit zurückzuversetzen. Wie einfach die Menschen damals wohl gelebt hatten? Tauschen wollte sie nicht unbedingt. Ihr kam wieder die Klimakonferenz in den Sinn. Das war eigentlich genau *das* Argument der ganzen Lobbyisten, die an einem Wirtschaftssystem Interesse hatten, das weiterhin nicht bereit war, auf CO_2-Neutralität umzustellen: *Es will doch niemand auf modernen Komfort und Konsum verzichten!* Schon ziemlich paradox. Denn genau die ganzen Konzerne, die sich teure Lobbyisten leisten konnten, hätten dieses Argument ja entkräften können.
Etwa ein Drittel des CO_2 versteckte sich zum Beispiel im Konsumsektor. Diejenigen Unternehmen, die nur noch erneuerbare Energien bezogen, konnten ihre Waren deutlich CO_2-ärmer herstellen. Transportierten sie diese dann noch mit Hilfe grüner Mobilität logistisch bis zum Kunden, war der CO_2-Fußabdruck der Produkte insgesamt gering. Es gab dann nicht mehr diesen Konflikt: *Konsum oder Verzicht.* Das Angebot von maximal CO_2-reduzierten Varianten entschärfte das Ganze. Niemand musste sich mehr zwischen einem Leben wie im Mittelalter oder einem schlechten Gewissen, sich auch mal etwas zu gönnen, entscheiden.

Sicherlich wäre es sinnvoll, sich in Sachen Konsum grundsätzlich immer vorweg erst einmal die Frage zu stellen, ob man etwas wirklich brauchte, oder ob sich das Vorgängerprodukt noch reparieren ließ.

Aber die Androhung des kompletten Verzichts war nur ein Schreckgespenst der Lobbyisten.

Vieles wäre schon durch politisch weitblickende Entscheidungen und einer Umsetzung schon bestehender, teils genialer, technologischer Konzepte zu erreichen.

Grace suchte sich ein kleines Café an der Ecke und setzte sich ans Fenster. Sie bestellte einen Espresso, plauderte ein wenig mit dem Kellner und beobachtete die vorbeigehenden Menschen. Keiner wirkte gehetzt, so wie sie es aus Boston kannte. Sie bezahlte und schlenderte weiter.

Alle Menschen hier waren sehr entspannt und freundlich. Sie war in eine Seitengasse abgebogen und scherzte mit ein paar Kindern, die mitten auf der Straße eine Schneeballschlacht veranstalteten. Grace signalisierte ihnen, hier heil durchkommen zu wollen. Einer der Jungs machte eine Geste, in ihre Richtung werfen zu wollen, krümmte sich dann aber einfach nur vor Lachen.

In einem Antiquitätengeschäft unterhielt sie sich länger mit der schon etwas betagten Inhaberin, die interessiert fragte, wo sie herkam und was sie nach Europa verschlagen hatte. Der urige Laden war schon seit Generationen in der Hand ihrer Familie. Hier herumzustöbern machte Grace sehr viel Spaß. Massive alte Holzmöbel wechselten sich ab mit liebevoll instandgesetzten Gebrauchsgegenständen. Sich so später einmal einrichten zu können, davon träumte Grace.

Je mehr sie darüber nachdachte, desto eher konnte sie sich vorstellen, irgendwann einmal in Europa zu leben. Sie bedankte sich höflich bei der alten Dame, dass sie sich hatte umschauen dürfen. Grace ließ sich eine Visitenkarte reichen. Man konnte ja nie wissen, wohin einen das Leben verschlug ...

Sie fand gleich nebenan noch ein hübsches kleines Tuchgeschäft. Grace hatte das europäische Winterwetter etwas unterschätzt. Ein wärmender Schal wäre genau das richtige Utensil, um Abhilfe zu schaffen. Sie entschied sich für eine orangefarbene Musterung, die gut zu ihrer schwarzen Winterjacke passte. Als sie den Laden verließ, schlug sie das Tuch sofort einmal um ihren Kopf und wickelte den Rest um ihren Hals. Sie hatte extra ein Modell ausgewählt, das breit und lang genug dafür war. Jetzt konnte es ruhig weiterschneien. Sie spürte die Kälte nicht mehr.

Grace fiel noch das Kolosseum ein. Sie hatte es mal in einem Spielfilm gesehen. Kurzentschlossen nahm sie den Bus und war ein weiteres Mal beeindruckt von der europäischen Architektur der Antike. Von Weitem sah sie die großen Bögen des Amphitheaters, die auf der Nordseite fast noch vollständig erhalten waren. Hier sollen also die großen Gladiatorenkämpfe stattgefunden haben! Auf diesem Pflaster ließen die römischen Kaiser zur Unterhaltung des Volkes Sklaven um ihr Leben kämpfen??? Grace lehnte alles Gewalttätige und Kriegerische ab. Im Innern des Kolosseums versuchte sie sich diese Kampfszenen vorzustellen. War der brutale Kampf etwas, das vom Menschen untrennbar war? In ihrer Welt waren es wohl eher Wortgefechte, mit denen man sein Durchsetzungsvermögen demonstrieren musste.

Wie würde der Kampf gegen den Klimawandel weitergehen? Würden Worte ausreichen, um etwas zu verändern? Sie war sich nicht sicher. Auf der Klimakonferenz hatte sie von der Divestment-Bewegung gehört. Die Anhänger schlugen vor, sämtliches Geld aus Kohle, Öl und Gas abzuziehen. So konnte man praktisch die Welt der Konzerne mit den eigenen Waffen schlagen, sie dort treffen, wo es ihnen am meisten wehtat. Die Bewegung versuchte, Anleger, die auf ein sauberes Image bedacht waren, zum Abziehen ihres Kapitals zu bewegen. Das konnten kirchliche Institutionen, wohltätige Organisationen oder Verwaltungen von Rentengeldern sein. Wenn erst einmal ein paar Dominosteine umgefallen wären, würden weitere Aktionäre und Versicherungen abspringen. Grace war sich sicher, dass sich dann immer mehr Anleger dieser Lawine anschließen würden.

Es war schon spät geworden. Grace verließ das Kolosseum und genoss einfach noch ein wenig das antike Ambiente der Stadt. Bevor es dunkel wurde, fuhr sie zurück zum Hotel.

Am nächsten Morgen wollte sich Grace im Vatikan umschauen. Sie hatte von der grandiosen Decke in der Sixtinischen Kapelle gehört, die von Michelangelo bemalt worden war. Der freundliche Mann an der Rezeption legte ihr auch noch den Petersdom ans Herz. Den konnte man keinesfalls auslassen, wenn man Rom besuchte. Allein die Größe war bemerkenswert. Und sie sollte auch die grandiose Kunstsammlung in den Uffizien nicht vergessen.

Als Letztes stand dann die Engelsburg auf ihrem Programm. Man konnte sie über eine beeindruckende Brücke über den Tiber hinweg erreichen. Die alte Burg hatte den früheren Päpsten als Zuflucht gedient, war aber gleichzeitig auch als deren Kerker benutzt worden. Sie hatte Szenen in Puccinis Oper Tosca und in einem Hollywood-Epos der Illuminati inspiriert.

Grace fand es wahnsinnig aufregend, in Rom Geschichte hautnah erleben zu können und gleichzeitig den Illusionen ihrer Fantasie freien Lauf zu lassen. Das war eine ganz neue – den Geist anregende – intellektuelle Erfahrung. Ihr gefiel Italien sogar noch besser als Frankreich.

Am nächsten Tag ging es dann leider schon zurück in die Staaten. Die Zeit in Europa war im Rekordtempo verflogen. Grace freute sich schon auf ihr Studium. Sie hatte am Abend vor der Abreise per Internetrecherche herausgefunden, dass an der Harvard Universität Geo-Engineering als Vertiefungsrichtung der Geo-Wissenschaften angeboten wurde.

Dort wollte sie sich einschreiben. Sie hielt das für eine interessante Option, sollte alles andere versagen. Aber das würde die Politik sicher zu verhindern wissen. Sollte sie doch ... oder etwa nicht?

Teil III

Juli 2036

Kapitel 22

Es war Samstagmorgen. Präsident Walker wollte erst einmal abwarten, ob der russische Präsident tatsächlich seine Aerosol-Mission hatte weiterlaufen lassen. Vielleicht war Iwanowitsch doch so schlau, Erkundigungen einzuziehen und hatte den Start noch abgeblasen?

Der CIA-Chef war direkt nach dem Frühstück von Walker einbestellt worden. Parker wollte zunächst wissen, wie das Gespräch mit dem russischen Präsidenten gelaufen war. Damit war er genau ins Messer gelaufen. Befehlsempfänger, die ihn abfragten, konnte Walker nun wirklich nicht gebrauchen. Der CIA-Chef war mal wieder in Ungnade gefallen und kassierte einen Anpfiff. Um das Gesprächsklima wieder zu normalisieren, schob Parker unterwürfig hinterher, dass die Satellitendaten erhebliche Komplikationen der russischen Stratosphären-Mission belegten. Der Ballon musste ihnen im wahrsten Sinne des Wortes um die Ohren geflogen sein.
Jetzt konnte der amerikanische Präsident mit TOTAL RESET an die Presse herantreten und sich als Retter der Welt küren lassen. Das würde den landesweiten Streiks jeglichen Wind aus den Segeln nehmen. Es war dann ein Leichtes, durch Einschaltung der Nationalgarde die kläglichen Überbleibsel des Protestes mit aller Härte zu ersticken.

Es war neun Uhr und in fünf Minuten sollte die Pressekonferenz beginnen.
„Liebe Amerikaner, ich habe heute große Neuigkeiten für unsere stolze Nation! Uns ist etwas gelungen, wozu kein anderer Staat der Welt in der Lage gewesen wäre. Wir haben den Klimawandel besiegt! Jahrzehntelang lagen uns diese Kleingeister in den Ohren. Wir sollten unsere Wirtschaft abschaffen, nur noch Salat essen und immer zu Fuß gehen.

Aber damit ist jetzt Schluss! Ich habe immer gewusst, dass wir dieses Problem anders lösen können. Ohne auf alles zu verzichten. Solch einen Blödsinn brauchen wir nicht. Amerika macht es der Welt vor, wie man das Klima bändigt! Am Mittwoch um 02:00 a. m. Eastern Time wurde die Mission TOTAL RESET auf der Groom Lake Basis gestartet. Fünfundsiebzig Transportmaschinen haben rund um die Uhr mit der Impfung der Stratosphäre begonnen, um den Klimawandel auszuradieren."

Präsident Walker benutzte bewusst nicht den Begriff des künstlichen Vulkanausbruches. Das würde die Menschen verschrecken. Ein Impfstoff, der gegen schwere Verläufe wirksam war, hatte bei der weltweiten Corona-Pandemie die Wende eingeläutet. Diese Formulierung war von seinem Stab von langer Hand vorbereitet worden. Amerika sollte als souveräner Sieger über die Klimakrise dastehen.

Walker fuhr fort. „Die Zeit der steigenden Temperaturen ist vorbei. Dürren und Missernten gehören der Vergangenheit an. Euer Präsident hat das in die Hand genommen. Niemand anderer wäre dazu in der Lage gewesen. Vergesst euren Streik. Es wird sich alles zum Guten wenden. Bald sind die Regale wieder voll. Niemand wird mehr von der Tafel leben müssen. Die Welt wird voller Neid auf ein großes und geeintes Amerika schauen. Ich kann euch sagen, andere Nationen haben Ähnliches versucht. Aber sie sind gescheitert. Sie haben nicht das Zeug dazu. Wir kontrollieren das Klima. Keiner ist so genial wie wir! Amerika ist das großartigste Land der Welt!" Dann wurden Aufnahmen vom Start der Flugstaffel eingespielt und der internationalen Presse das Prinzip der Zerstäubung in der Stratosphäre skizziert.

Fragen waren heute nicht zulässig. Präsident Walker wollte nicht, dass dieser Triumph verwässert wurde.

Er hatte bewusst noch einmal Richtung Russland nachgetreten. Das konnte er sich nicht verkneifen. Nach dem völlig entglittenen Telefonat musste er das auskosten. Die Welt war viel Eigenlob von amerikanischen Präsidenten gewohnt. Deshalb wunderte sich niemand über die Tonlage der Rede. Trotzdem ging ein Aufschrei durch die internationalen Medien.

Warum hatten die Amerikaner nicht die internationalen Verhandlungen zum Thema Geo-Engineering weitergeführt? Stattdessen setzten sie die Welt eigenmächtig vor vollendete Tatsachen. So wie immer. Aber mit welchen Substanzen hatten sie gearbeitet? Noch nicht einmal das hielt Präsident Walker für notwendig zu benennen.

Europa, das am weitesten mit seinen Transformationen vorangekommen war, fühlte sich düpiert. Der direkte Eingriff in das Klimasystem barg erhebliche Risiken. Das hätte man vermeiden können.

Zu Beginn der Zweitausendzwanzigerjahre wäre eine zügige Umstellung auf CO_2-freie Prozesse weltweit ausreichend gewesen. Zugegebenermaßen wurde jetzt im Jahr 2036 für die USA, China und Indien eine Vollbremsung als notwendig erachtet. Aber auch das hielten viele Wissenschaftler immer noch für besser als die Stratosphären-Methode.

Es brach eine Ethikdiskussion los. Ob der Mensch einfach so Gott spielen dürfe? Eingriffe in die Atmosphäre in diesem Ausmaß hatte es noch nie gegeben. Das war ähnlich umstritten wie das Klonen von Menschen.

Mehrere Wissenschaftler plädierten dafür, lieber das CO_2 aus der Atmosphäre wieder herauszufiltern. Das war technologisch bereits in den Zweitausendzwanzigerjahren erprobt worden. Ein ammoniakhaltiges Filtersystem schaffte es tatsächlich, CO_2 chemisch zu binden. In Island gab es erfolgreiche Projekte, wie sich das CO_2 dann anschließend zu Basaltgestein versteinern ließ. Einfach Wegparken konnte man das CO_2 also. Ohne Risiko, dass es wieder in die Atmosphäre zurückgelangen könnte. Diese Methode war leider einfach immer wieder als zu teuer verworfen worden. Damit hätte man auch bereits in den Zweitausendzwanzigerjahren beginnen müssen, um die Versteinerungen in ausreichender Menge umzusetzen.

Inzwischen waren die absterbenden Wälder unübersehbar. Auch über Waldbrände gab es immer mehr Horrornachrichten aus Australien, Südeuropa, Russland und Amerika. Mancherorts wurde die Feuerwehr in den Sommermonaten nicht mehr Herr der Lage. Vor Kurzem musste in Kalifornien eine ganze Kleinstadt mit hunderttausend Einwohnern binnen zehn Stunden evakuiert werden. Als das Feuer über sie hereinbrach, wurde klar, dass nicht alle Menschen es geschafft hatten. Die Behörden waren nicht in der Lage, sämtliche Wohnungen zu kontrollieren. Alte und Kranke wollten oder konnten ihr Haus nicht mehr verlassen. Hinzu kamen uneinsichtige Menschen, die dann auf einmal in Panik über die brennenden Straßen liefen. Die Filmaufnahmen, die von Helikoptern aufgezeichnet wurden, verbreiteten Angst und Schrecken. Hinzu kamen Wetterphänomene, die in neue Regionen vordrangen. In Europa gehörten Sturzregen und Tornados inzwischen zu den üblichen Extremwettern. Forscher prognostizierten zukünftig sogar Hurrikanes für diese Breiten.

Und jetzt diese Nachricht aus den USA von der Klimakorrektur! Ausgerechnet durch die Nation, die in den letzten Jahrzehnten der größte Bremser beim Klimaschutz gewesen war! Die USA hatten bereits so oft Unfrieden, Bürgerkriege und Wirtschaftschaos gestiftet. Konnte man diesem Land trauen? Eigentlich nicht. Aber alle wünschten es sich so sehr. Die Welt verfiel in eine Art Starre. Vielleicht sollte man erst einmal beobachten, ob es wirkte?

In der Zwischenzeit wurden vielerorts Transformationsprozesse hin zu CO_2-freiem Wirtschaften wieder gestoppt. Die allerwenigsten begriffen, dass Geo-Engineering im besten

Fall ein wenig Zeit verschaffte. Der Verbrauch von Kohle, Öl und Gas musste trotzdem umgestellt werden, damit die Nebenwirkungen nicht zunahmen. Aber wenn man um diesen Schritt nicht herumkam, worauf warteten dann alle noch? Wieso kehrte nicht wenigstens jetzt Vernunft ein?

Kapitel 23

Grace hatte sich einen E-Leihwagen bestellt. In den Städten gehörten Elektroautos inzwischen zum Stadtbild. Eine elektrische Fahrt über die Alpen empfand Grace aber dennoch als Abenteuer, weil hier die Ladestationen immer noch sehr rar gesät waren. Sie verstand nicht, warum Italien sich nicht mehr von Norwegen oder den Niederlanden abgeschaut hatte. Diese europäischen Länder hatten gezeigt, was machbar war. Dort lagen bereits im Jahr 2020 die Zulassungsraten von E-Autos bei über fünfzig Prozent. Die Regierungen dieser Länder hatten massiv in die Ladeinfrastruktur investiert. Und jetzt im Jahr 2036 war dort die Zulassung von Verbrennungsmotoren gar nicht mehr zulässig.

Grace machte sich am Samstagmorgen auf den Weg nach Rom und hoffte, ihre Mutter würde ihr die abgrundtief schlechte Laune nicht weiter vermiesen. Grace tappte immer noch im Dunkeln. Niemand hielt es für notwendig, sie zu informieren, weder Luca noch ihr Institutsleiter John Delaware oder dieser merkwürdige Parker vom CIA. Sie hatte heute Morgen versucht, Delaware telefonisch zu erreichen. Aber der ging am Wochenende nicht ans Telefon und machte anscheinend auch keine Ausnahme, wenn die Welt unterginge.

Grace war um sieben Uhr früh aufgestanden, hatte gepackt und gut gefrühstückt. Nach dem Auschecken an der Hotelrezeption lief sie hinüber in das benachbarte Parkhaus, um ihr Leihfahrzeug zu übernehmen. Nachdem sie ‚Rom' ins Navigationsgerät eingegeben hatte, zeigte das Gerät neun Stunden Fahrzeit an. Zwei Pausen à dreißig Minuten würde sie benötigen, um die Batterie wieder zu achtzig Prozent aufzuladen. Diese Zwischenstopps brauchte sie sowieso, um sich ein wenig zu regenerieren. Das Navi schlug gleich die passenden Ladestationen vor. Na, immerhin. Sie fuhr die Parkhausspirale hinunter, passierte die Schranke am Ausgang und folgte der vorgeschlagenen Route.

Als Grace Genf verlassen hatte, weitete sich ihr Blick auf die Berge. Sie war in ihrer Jugend bereits schon einmal hier gewesen. Verglichen mit der Zugfahrt vor zwanzig Jahren war kaum noch Schnee auf den Bergspitzen zu erkennen. Aber darüber wollte sie jetzt nicht nachdenken. Sie versuchte, für einen Moment all ihre Sorgen beiseitezulegen. Die Route führte sie entlang von Chamonix und dann durch das Aosta-Tal. Herrlich! Die Sonne schien. Langsam entspannte sie sich ein wenig. Zu so früher Stunde war noch nicht viel los auf den Straßen. Täler wechselten sich ab mit Bergpassagen.

Als sie den Tunnel unter dem Mont Blanc verließ, fuhr sie kurz auf einen nahegelegenen Aussichtspunkt, um den grandiosen Blick und die frische Bergluft zu genießen. Nun ging es Richtung Mailand. Dort war ihr erster Halt, um nachzuladen.

Die Autobahnraststätte im Industriegebiet am Stadtrand war laut und es stank nach Abgasen. In Italien verpesteten immer noch viele Verbrennungsmotoren die Luft. Es war wie so oft Smogwetterlage. Grace realisierte mal wieder den Unterschied zwischen übelriechender grauer Betonwüste und beeindruckender Natur. Sie begriff nicht, warum dies nicht mehr Menschen die Augen öffnete. Für sie war ein Urlaub in der Natur immer eine Inspiration, diese schützen zu wollen. Sie mochte die Weissagung des Cree-Indianerstammes: ‚Erst wenn der letzte Baum gerodet, der letzte Fluss vergiftet, der letzte Fisch gefangen ist, werdet Ihr merken, dass man Geld nicht essen kann'.

In ihrer Jugend hatte sie oft mit ihrer Mutter gestritten, ob die Menschen die Natur vor lauter Gier zu sehr ausbeuteten und dabei ruinierten. Die Rodung der Wälder im Amazonas, um dort Soja als Futter für immer mehr Rinder, Schweine und Hühner anzubauen – das war so ein Beispiel. Der gesunde schattenverwöhnte Waldboden laugte schnell aus, dann zogen die Bauern weiter und rodeten an anderer Stelle. Grace bestellte sich in der Raststätte eine Gemüse-Minestrone und fühlte sich damit gestärkt für die weitere Fahrt.

Der nächste Halt war in Florenz geplant. Die Batterie machte keine Probleme. Wenn die Menschen das nur einfach mal ausprobieren würden, hätten sie die Scheu schnell verloren.

Grace versuchte, auf andere Gedanken zu kommen. Sie fuhr jetzt durch die Toskana und genoss den Blick auf die kleinen von hohen Zypressen umgebenen Dörfer am Horizont. In Florenz gönnte sie sich dann wieder ein kleines Highlight. Sie verließ zunächst die Umgehungsstraße. Die Kathedrale Santa Maria di Fiore thronte über der Innenstadt. Sie wollte einfach einen kurzen Blick aus der Nähe darauf werfen, während sie zum zweiten Mal ihr Fahrzeug auflud. Grace fand in einer Seitenstraße eine Ladestation und war froh über ein wenig Bewegung. Ihr Rücken hatte zu schmerzen angefangen. Lange Autofahrten war sie überhaupt nicht gewohnt.

Als sie der riesigen Kirche näherkam, war sie ziemlich sprachlos. Die Kuppel war laut Tafel hundertvierzehn Meter hoch, also etwa das Zweieinhalbfache des Pantheons. Sie konnte sich nicht vorstellen, wie die Baumeister das ganze Material dort oben hochbekommen hatten? Das blieb für sie ein Rätsel. Der Mensch war schon zu allerhand in der Lage, wenn er sich etwas in den Kopf gesetzt hatte.

Sie machte einen kurzen Abstecher zur Accademia di Belle Arti, um sich dort den berühmten David anzuschauen, der den biblischen Goliath bezwungen hatte. Sie war überwältigt von der Kunstfertigkeit des Michelangelo.

Die Skulptur ermutigte sie, in ihrem Leben nicht so schnell den Kopf in den Sand zu stecken, auch wenn der Gegner übermächtig erschien.

Sie schaute auf die Uhr. Es war bereits schon kurz vor drei. Grace war um zwanzig Uhr mit ihrer Mutter im Hotel *Cavalieri* am Stadtrand von Rom zum Abendessen verabredet. Sie musste sich jetzt sputen, wenn sie vorher noch einchecken und sich frischmachen wollte. In einem kleinen Laden an der Ecke der Seitenstraße, in der sie geparkt hatte, kaufte sich Grace noch schnell etwas Obst und machte sich wieder auf den Weg. Der Rest der Fahrt verlief durch hügeliges Gelände und das Weinanbaugebiet Montepulciano. Sie genoss die Ablenkung von den Problemen der letzten Tage.

Grace kam pünktlich um neunzehn Uhr in Rom an. Ihre Mutter hatte sich für ein Lifestyle-Hotel am Stadtrand entschieden. ‚Das ist ja mal wieder typisch für Mama! Design oder Nichtsein – gab es keine wichtigere Frage in ihrem Leben?‘, dachte Grace. Sie ließ sich die Schlüsselkarte für das Zimmer geben und nahm die Treppe in den ersten Stock. Nachdem sie ein paar Sachen ins Bad geräumt hatte, duschte sie sich kurz ab und warf sich im Bademantel auf das Bett. Sie gönnte sich noch ein zehnminütiges Powernapping. Als der Handywecker klingelte, fischte sie schnell das grüne Baumwollkleid aus ihrem Koffer, zog sich ihren Lidstrich nach und ging ins Restaurant.

Grace hatte ihre Mutter fünf Jahre nicht mehr gesehen. Sie lebten beide an unterschiedlichen Küsten der Vereinigten Staaten. Ihr Vater war vor acht Jahren gestorben. Sie hatte noch einen Bruder, aber der war ihr fremd geworden.

Als sie ins Restaurant kam, war ihr Frust erst einmal verflogen. Grace freute sich trotz aller Differenzen, ihre Mutter nach so vielen Video-Telefonaten mal wieder vis-à-vis zu

sehen. Sie war in der Zwischenzeit schon ein wenig gealtert. Bei ihrem Schönheitswahn musste das frustrierend für sie sein. Auf dem Bildschirm konnte man das nach dem Lifting nicht mehr so genau erkennen. Aber als Grace ihr jetzt gegenübersaß, erkannte sie ihr wahres Alter am Dekolleté, und wenn sie sprach, auch am Mund. Irgendwie sah das in Kombination mit den straffen Gesichtspartien bizarr aus. Sie hatte im vergangenen Jahr ihren siebenundsechzigsten Geburtstag gefeiert. Warum versuchten die Menschen ihr wahres Alter zu verstecken? Es war doch der natürliche Lauf der Dinge. Ältere Menschen besaßen doch einen reichen Erfahrungsschatz! Warum sich selbst so sehr auf sein Äußeres reduzieren? Grace verstand das nicht.
Sie war inzwischen achtunddreißig Jahre alt und bekam es auch mit den ersten Fältchen zu tun. Aber sie schwor sich, nicht so sehr gegen die eigene Natur anzukämpfen.
Grace Mutter stand auf. Sie umarmten sich kurz und setzten sich gemeinsam an den Tisch des Hotelrestaurants.
Grace fragte: „Wie geht es dir?"
Ihre Mutter stöhnte. „Das Leben wird immer anstrengender! San Francisco ist nur noch in den Schlagzeilen wegen seiner Unruhen und Straßenkämpfe. Manchmal denke ich, die Schwarzen wollen uns alles wegnehmen."
Grace kannte ihre Meinung dazu. Sie hatte heute nicht die Kraft, zum hundertsten Mal zu erklären, dass die People of Colour einfach nur ihre Benachteiligung nicht akzeptierten. Ein Schritt aufeinander zu würde das Problem sicher eher lösen als Arroganz oder Waffengewalt.
Die Getränke wurden serviert. Sie hatten eine Flasche Barbaresco bestellt. Grace versuchte ein neues Thema anzuschneiden. „Versuche einfach die schönen Seiten des Daseins zu genießen!"
Ihre Mutter antwortete: „Die Dinge, die das Leben versüßen, werden immer teurer. Vaters Erbteil reicht nicht dafür."

Diese Undankbarkeit machte Grace wütend. Ihr Vater hatte bei der Smartphone-Marke gut verdient. Er hatte dort bis zu seinem Tod den US-amerikanischen Vertriebsbereich geleitet. Unter seiner Ägide war die Idee erfunden worden, mit jedem neuen Handyvertrag gleich ein neues Gerät anzubieten. Über die Umlage registrierte der Kunde die finanzielle Belastung nicht. Dass damit Unmengen Altgeräte auf den Müll wanderten, war oft Streitpunkt zwischen Grace und ihrem Vater gewesen. In seinen Augen waren ja die Kunden schuld, die auf dieses Angebot reinfielen. Wenn bestimmte Schwermetalle eines Tages knapp würden, würde diese Strategie sicher als idiotisch entlarvt werden. Aber ihr Vater dachte nicht an die nächsten Generationen. Ihn störte noch nicht einmal die Kinderarbeit in den Minen, wo die Schwermetallerze geschürft wurden. Auch das hatte ihr Vater verdrängt, weil er auf seine Weise damit Millionen verdienen konnte. Und jetzt beschwerte sich ihre Mutter, dass das Erbe nicht reichen würde, um glücklich zu sein?
Grace verstand es einfach nicht.

Zufriedenheit hatte in Grace Augen auch immer etwas mit Anspruchsdenken und Neid zu tun. Sie hatte es immer schon interessant gefunden, dass die glücklichsten Menschen gerade nicht in den reichsten Ländern lebten.
Das erklärte doch eigentlich alles! Klar, wenn man um das nackte Überleben kämpfen musste und es an Nahrung, Kleidung und einem Dach über dem Kopf fehlte, dann waren die Menschen unglücklich. Aber sobald für diese Grundbedürfnisse einigermaßen gesorgt war, galt das als Ausgangsbasis für ein glückliches Leben. Zufriedenheit war für Grace eine relative Größe. Man konnte auch mit wenig zufrieden sein, wenn man einfach nicht zu viel erwartete.

Neidisch zu sein, dass der Nachbar ein noch größeres Auto fuhr, schraubte in den Industrieländern die Erwartungen immer höher, bis hin zu einer kollektiven Unzufriedenheit. Demut und Bescheidenheit waren abhandengekommen.
Grace selbst reichte es, wenn sie Zeit für ein wenig Muße hatte. Es machte sie glücklich, in der Natur zu sein oder sich mit Menschen zu treffen, die sie mochte. Mehr brauchte sie nicht.
Grace versuchte zum wiederholten Male ihrer Mutter klarzumachen, wie gut es ihr doch ging: „Mutter, du hast doch alles, was du brauchst."
„Aber ich vermisse die Wochenenden auf der Segelyacht und die Shoppingtouren mit deinem Vater."
„Ich verstehe völlig, dass du Vater vermisst, aber doch nicht dieses ganze Luxus-Gedöns."
Grace hatte sich so sehr vorgenommen, nicht wieder mit ihrer Mutter aneinanderzugeraten. Sie hatte ganz andere Sorgen im Kopf. Das kostete nur Kraft, die sie im Moment gar nicht dafür übrighatte.
Sie versuchte einzulenken. „Mama, ich will jetzt echt nicht mit dir streiten! Wo wir uns doch so selten sehen! Lass uns das heute Abend mal beiseitelegen, okay? Unsere Ansichten sind einfach zu verschieden!"
Das Essen wurde serviert. Grace hatte sich ein Gericht mit frischem Fisch ausgesucht.
Ihre Mutter probierte die Scampi. Sie mäkelte am Essen herum, die Sauce war für ihren Geschmack zu scharf.
Grace versuchte wegzuhören. Dann rückte ihre Mutter mit ein paar Neuigkeiten heraus: „Dein Bruder ist zufällig in der Nähe und lädt uns morgen zum Brunch ins beste Hotel der Stadt ein."
Das war wieder so ein Seitenhieb auf ihre Luxuskritik.
Aber Grace riss sich zusammen. Sie hatte ihren Bruder eine Ewigkeit nicht mehr gesehen. Terry arbeitet hier in Europa

in einem Energiekonzern, so viel wusste sie. Ihre Mutter hatte immer davon geschwärmt, wie schnell er dort aufgestiegen war. Sie hatten sich als Kinder in völlig unterschiedliche Richtungen entwickelt. Je mehr Grace auf Distanz zu ihren Eltern gegangen war, desto mehr hatte ihr Bruder sich als Liebling seiner Eltern inszeniert.

Na, das konnte ja was werden! Sie hoffte, das in der momentanen Situation nervlich durchzustehen. Grace war froh, als die Rechnung kam und übernahm die Bezahlung. Die lange Fahrt war Grund genug, sich jetzt aufs Zimmer zu begeben. Ihre Mutter hatte keine Einwände.

Grace suchte ihr Nachthemd heraus, putzte sich die Zähne und schlüpfte unter die geblümte Bettdecke. Der Tag war anstrengend gewesen. Sie fühlte sich schon reichlich matt. Aber durch die Diskussionen mit ihrer Mutter war sie innerlich ein wenig aufgedreht. Also suchte Grace nach der Fernbedienung und hoffte durch das Fernsehprogramm noch ein wenig schläfriger zu werden.

Plötzlich klingelte ihr Handy. Sie schrak auf, weil sie auf Lucas Rückruf hoffte. Aber es war Urs Alder. Er klang völlig durcheinander.

„Grace, hast du die Rede des amerikanischen Präsidenten gehört? Sie haben eine komplette Transport-Flugzeugstaffel umgerüstet und fünfundsiebzig Maschinen losgeschickt. Die USA geben jetzt beim Geo-Engineering ganz allein den Ton an. Ich habe in den letzten sechs Stunden die Daten unserer Messstationen in der Stratosphäre ausgewertet und versuche gerade die Ausbreitung der Kalk-Aerosole nachverfolgen. Grace, kanntest du das Vorhaben?"

Grace stutzte. Sie war in Gedanken zunächst bei einem ganz anderen Detail hängen geblieben. „Hast du von fünfundsiebzig Luftfrachtern gesprochen?"

Urs Alder bejahte die Frage.

Grace war irritiert: „Oder waren es nicht vielleicht doch nur fünfzig???"

Urs stellte sie erneut zur Rede: „Du warst also eingeweiht?"

Sie musste jetzt Farbe bekennen: „Ja, Ich kannte diese Mission, jedoch nicht bis ins letzte Detail. Die Planzahlen für die Flugzeuge waren jedenfalls niedriger."

Urs schluckte. Sollte er ihr vorwerfen, dass sie nichts gesagt hatte? Dann würde sie bestimmt dichtmachen. Und vielleicht mussten sie ja gerade jetzt noch enger zusammenarbeiten. Er beschloss, sich mit der Kritik vorerst zurückzuhalten.

Urs versuchte, das Ganze erst einmal sachlich zu analysieren. „Wenn sie fünfundsiebzig statt fünfzig Maschinen einsetzen, dann müssen wir womöglich, verglichen mit deiner empfohlenen Simulation, von der 1,5-fachen Dosierung ausgehen. Grace, sehe ich das richtig? Unser Ziel war doch immer, dass wir die gleiche Temperatur wie vor dem Klimawandel im globalen Mittel einstellen müssen."

Grace war gleichermaßen schockiert: „Ja, das siehst du absolut richtig! Die Ladekapazität der Flugzeuge war nie auf den Datenblättern verändert worden, die ganze Zeit über nicht ... Ich fürchte, du hast recht!" Sie dachte nach.

Warum sollten ihre Harvard-Kollegen eine höhere Dosis umgesetzt haben? Nach Graces Vorschlag musste es wärmere und kältere Zonen geben. Wärmer würde es zum Beispiel am Nordpol sein, weil es dort im Winter dunkel war und man dort gar kein Sonnenlicht reflektieren konnte. Das strahlte auch auf Teile der Nordhemisphäre und der Vereinigten Staaten aus. Dafür würde es in den Tropen größtenteils kälter als vor dem Klimawandel sein. So ergab sich ein neutraler Mittelwert.

Womöglich hatten sie dann aber die Kalkdosis erhöht, damit es in den Vereinigten Staaten eben nicht an manchen Stellen wärmer war, sondern exakt die gleichen Werte wie vor dem

Klimawandel erreicht wurden. Vielleicht wollten sie im eigenen Land genau das optimale Niveau treffen? Das hätte aber Auswirkungen auf den Rest der Welt, die gravierend wären! Sie mussten die Erde insgesamt stärker runterkühlen. Folge war, dass die Nebenwirkungen weltweit gravierender wurden. Die lokalen Niederschlagsunterschiede wurden größer. Und all das nur, damit das Klima in den USA möglichst ideal war? Einfach ungeheuerlich! Grace war fassungslos. Hatte ihr Chef nicht auch Zugriff auf ihre ganzen Simulationen? Da gab es eine rein theoretische Berechnung mit dem Faktor 1,5. Die war etwa ein Jahr alt. Sie konnte kaum glauben, dass John Delaware sie so hintergangen haben sollte.

Grace war völlig in ihre Gedanken vertieft. Sie hatte gar nicht mitbekommen, dass Urs sie zweimal nacheinander etwas gefragt hatte: „Soll ich noch ein paar Simulationen auf Basis der aktuellen Kalkverteilungen einspeisen, dann können wir uns die Sache genauer ansehen?"

Jetzt beantwortete sie seine Frage mit „Ja".

Der Schock über die mutmaßlich höhere Dosis saß tief. Aber sie war erleichtert, dass sie bei Urs die Kurve gekriegt hatte. Langsam dämmerte ihr, dass die russische Stratosphären-Mission wohl nicht gestartet worden war. Sonst hätte Präsident Walker nicht von einer alleinigen Lösung gesprochen. Und Urs wäre auch über erhöhte Schwefelsäurewerte gestolpert. Hatte Luca die Russen aufgehalten? Die Ungewissheit war nur schwer zu ertragen. Wie hatte er die letzten Tage durchgestanden? Hoffentlich saß er nicht irgendwo fest. Tausend Fragen kreisten immer noch durch ihren Kopf.

Kapitel 24

Luca wachte in einer engen, schmutzigen Kajüte auf. Dem Geräuschpegel nach zu urteilen, musste sie sich über dem Maschinenraum befinden. Seine Schulter schmerzte immer noch von dem Streifschuss. Er hatte einen Riesendurst und auch großen Appetit. Ein russischer Seemann mit zerlumpten Hosen und ungepflegtem Bart hielt ihm ein großes Glas Wasser und einen Kanten Brot unter die Nase. Er war in seinem Alter. Sie hatten ihm seine nassen Sachen bis auf die Boxershorts ausgezogen und ihn in zwei dicke graue Decken gewickelt. Luca leerte das Glas in einem Zug und begann an dem Brot zu kauen.

Der Seemann versuchte in seinem russischen Dialekt gegen die Dieselmotoren anzukommen. Er rief: „Da hast du wohl Glück gehabt! Sie suchen schon nach dir."

Luca machte große Augen. Schon wieder war er jemandem ausgeliefert. Seinen Revolver hatte er in der Seja gelassen. Vielleicht war das doch nicht so eine gute Idee gewesen.

Luca dachte nach.

Eigentlich war ja klar, dass die Militärpolizei flussabwärts Funksprüche gesendet hatte, wo er der Hundemeute so knapp entkommen war. Aber weswegen er gesucht wurde, hatten sie sicher nicht konkret verlauten lassen. Sie konnten auf keinen Fall zugeben, dass er sie im Alleingang vorgeführt hatte. Er versuchte, dem Seemann direkt in die Augen zu blicken. Konnte er dort Mitgefühl erkennen? Dann probierte er es in seinem gebrochenen Russisch: „Ja, wenn man erst mal unter falschem Verdacht steht, dann hat man es in diesem Land nicht einfach. Ich bin einfach bei einer Survivaltour zu nah an die Zäune des militärischen Sperrgebiets geraten."

Der Seemann nickte. Er war selbst einmal verhört worden und kannte diese Situation. Ein Freund sollte angeblich Geld bei einem Kurierdienst unterschlagen haben. Sie hatten ihn zwei Tage lang in den Schwitzkasten genommen, aber es gab nichts, was er hätte aussagen können. Dieses Gefühl der Ohnmacht, das würde er nie wieder vergessen.
Lucas Versuch, ihn bei seiner menschlichen Seite zu erwischen, hatte gefruchtet. Der Bootsmann sagte: „Sieh zu, dass du von Bord bist, bevor wir in Blagoveshchensk ankommen. Sonst müssen wir dich womöglich noch der Militärpolizei übergeben."
Luca atmete auf und versuchte, durch ein demütiges Nicken seinen Dank auszudrücken. Er war wohl noch einmal davongekommen! Die russische Welt hatte für ihn immer etwas Fremdes an sich. Aber vielleicht gab es sie wirklich – zumindest mitten in der Bevölkerung – diese sogenannte russische Seele.
Der Seemann grüßte kurz und ließ ihn dann in seiner Kabine allein. Was für eine Fügung! Jetzt musste er nur noch den richtigen Augenblick abpassen.
Der Maschinenlärm war ziemlich unerträglich. Laut seiner wasserdichten Uhr musste er etwa acht Stunden geschlafen haben. Soweit er die Satellitenkarte im Kopf hatte, lag der Flugplatz nordwestlich von Blagoveshchensk, etwa auf der Höhe dieses ehemaligen Kieswerks an der Seja.
Von dort aus waren es circa zehn Kilometer westlich durch unbewohntes Waldgebiet. Hauptsache, er musste nicht noch einmal mit einer Hundestaffel fertigwerden. Er kontrollierte seine Papiere. Sie hatten sie ihm zumindest nicht weggenommen.
Luca war durch seine anstrengende Flucht völlig entkräftet. Er versuchte den Brotkanten aufzuessen, obwohl der eher wie Paniermehl schmeckte und bestimmt schon eine Woche alt war. Der Seemann hatte ihm einen ganzen Krug Wasser

dagelassen. Das müsste reichen, um wieder zu Kräften zu kommen. Er wollte unbedingt Grace wiedersehen. Das half ihm, durchzuhalten.

Luca beobachtete die ganze Nacht lang das Ufer durch das Bullauge. In der Morgendämmerung machte er endlich die Konturen des Kieswerks aus. Er versuchte kurz, sich zu sammeln. Vielleicht noch etwa zwanzig Minuten, dann musste er auch schon von Bord. Die fünf Meter bis nach unten in die Seja konnte er bestimmt springen. Er hoffte, möglichst unbemerkt Richtung Heck davonkommen zu können, ohne in die Schiffsschraube zu geraten.

Luca zog seine halbtrockene Kleidung wieder an. Jetzt aber los!

Leise schlich er den Gang entlang. Die nächste Treppe führte aufs Schiffsdeck. Er musste nur das Heck von Backbord nach Steuerbord überqueren. Mit langsamen Bewegungen! Immer an der Wand entlang, hinter der die Kajüten lagen. Leicht geduckt unter den Bullaugen.

Dann hievte Luca seinen Körper auf die Reling, versuchte, sich maximal abzustoßen und landete im Fluss. Der Aufprall auf dem Wasser ging im Motorengeräusch unter. Er blieb solange unter der Oberfläche, wie er noch genügend Luft zum Atmen hatte. Mit langsamen Schwimmzügen näherte er sich dem Ufer. Nach etwa einer Minute steckte er den Kopf aus dem Wasser und rang nach Luft. Er drehte sich zum Frachter um. Der war schon mehr als hundert Meter entfernt. Luca konnte niemanden an Bord ausmachen, der suchenden Blickes in seine Richtung starrte.

Sein Atem beruhigte sich allmählich. Noch einmal zwanzig Meter tauchen und er konnte die Böschung hinaufklettern. Hier hatte er wieder Sichtschutz. Alles im grünen Bereich.

Luca machte eine kurze Pause im Unterholz, um sich zu orientieren. Er wollte zügig marschieren, aber sich nicht abhetzen. Seine Straßenschuhe waren inzwischen wirklich hinüber. Er schnürte sie kurz auf, um das restliche Flusswasser auszugießen und wrang nacheinander alle seine Kleidungsstücke aus. Zum Glück waren die Temperaturen sommerlich. Und wenn er sich erkälten würde – na und?

Der Boden war diesmal gut begehbar. Und mit zügigen Schritten würde ihm sicher bald etwas wärmer werden.

Sein satellitengesteuertes Chronometer zeigte sechzehn Uhr an. Jetzt musste er noch eine Lösung finden, wie er durch die Maschen der Militärpolizei am Flugplatz schlüpfen könnte.

Er verließ die Umgebung des Kieswerks und kam gut voran. Kaum Gebüsch. Nur immer wieder zwischendurch leichte Steigungen. Nach siebzig Minuten sah er linker Hand den Tower des Flughafens. Wie gut, dass der BND ihm diesen Orientierungssinn antrainiert hatte. Er war weit gekommen. Jetzt musste nur noch der letzte Schritt gelingen.

Als er näherkam, sah er auf der rechten Seite mehrere Hangars liegen. Das Gelände war nicht sonderlich gut geschützt. Den niedrigen Zaun hatte er schnell überwunden. Er peilte eine Halle mit kleineren Antonows und einigen Cessnas an. Keine Militärpolizei weit und breit. Hoffentlich hatten sie nur das große Terminal auf dem Schirm.

Direkt vor dem Hangar schien ein Pilot augenscheinlich gerade seine Maschine startklar zu machen. Der Tankwagen hatte seinen Job erledigt und kam Luca entgegen.

Er sprach den kleinwüchsigen Piloten asiatischer Abstammung an. „Wo kann ich hier kurzfristig eine Maschine nach Tokyo chartern?"

Luca wollte erst einmal nur raus aus diesem Land. Er zog eine Kreditkarte aus der Hosentasche und winkte damit. Geld war immer ein probates Mittel, um Türen zu öffnen.

Der Pilot musterte zwar Lucas Verletzungen, aber er biss an. Er antwortete in gebrochenem Englisch: „Ich bin erst morgen wieder verplant. Und meine Maschine steht bereit. So

ganz spontan kostet das allerdings das Doppelte. Sagen wir fünfzehntausend Dollar?" Der Pilot pokerte, das zeigte sein gieriger Blick. Aber egal. Die wiedergewonnene Freiheit war es wert.
Luca wollte nicht feilschen. Er wollte etwas anderes. „Okay. Aber nur, wenn Sie meine Personalien nicht an den Tower melden."
Der Asiate zögerte einen Moment. Diese spontane Geldspritze war einfach zu verlockend. Hier auf dem Nebenhangar würde es bestimmt nicht auffallen, wenn er die Meldung umging. Er gab sich einen Ruck. „Dann kommen Sie mal kurz mit in unseren Bürotrakt. Dort können wir das abwickeln."
Sie gingen in den hinteren Teil der Halle. Der Pilot führte Luca in einen kleinen verglasten Pavillon. Eine junge Frau fotografierte kurz seinen Ausweis mit der Zweitidentität ab. Nachdem er die dazu passende Kreditkarte in das Pin-Gerät gesteckt hatte, schauten sich alle drei einander glücklich an. Nun konnte es losgehen.
Luca stieg auf der Beifahrerseite der Cessna ein. Sein Hemd war inzwischen kaum noch feucht und das Cockpit wärmte sich langsam auf. Zehn Minuten später erhielten sie die Starterlaubnis.
Als die Maschine über die Landebahn rollte, tauchte dann plötzlich doch noch auf der Querstraße ein Jeep der Militärpolizei auf. Luca bekam Angst, dass der Pilot es sich anders überlegte. Zum Glück hatte er das Fahrzeug nicht sofort bemerkt.
Als sie wendeten und Geschwindigkeit aufnahmen, fuhr der Jeep auf die Landebahn und schaltete sein Blaulicht ein. Aber da war es für eine Vollbremsung zu spät. Die Cessna hob ab und zog ein paar Meter über den Jeep hinweg. Luca konnte sein Glück kaum fassen.

Der Pilot sagte etwas irritiert: „Na, da müssen Sie ja ganz schön was ausgefressen haben."
Luca antwortete: „Davon kann gar keine Rede sein."
Direkt hinter ihnen war ein Kampfhubschrauber gestartet und näherte sich beharrlich. Aber als sie drei Minuten später die Grenze nach China überflogen, drehte er – Gott sei Dank – bei. Luca atmete auf. Der ganze Stress der letzten Tage fiel auf einmal von ihm ab. Alle Strapazen waren vergessen. Der Schmerz in der Schulter und im Bein hatte nachgelassen. Er wollte nur noch neutralen Boden unter den Füßen haben. Es war kaum zu ermessen wie wahnsinnig er sich darauf freute, Grace wiederzusehen!

Kapitel 25

Linh Nguyen war nach dem Abendessen mit Grace wieder in ihre Heimat zurückgeflogen. Sie hatte einen Flug mit synthetischen Kraftstoffen gebucht. Das war zwar teurer, aber dafür klimaneutral. Mit überschüssigem Windstrom wurde per Elektrolyse Wasserstoff aus Wassermolekülen gewonnen. Dann musste man die Windräder nicht abregeln, wenn es starken Wind gab. Das war eine Lösung, von der alle Seiten profitierten. Win-Win sozusagen. Um den Wasserstoff zu Kohlenwasserstoff weiterzuverarbeiten, fehlte noch Kohlenstoff. Wenn man für dessen Gewinnung Kohlendioxid aus der Atmosphäre herausfilterte, war das ganze CO_2-neutral. Dadurch ließen sich sämtliche Rohölprodukte herstellen, unter anderem auch synthetisches Kerosin.

Wegen des großen Aufwands eignete sich diese Technologie allerdings nur für die Sektoren, die nicht anders CO_2-frei werden konnten.

Linh verdiente zwar gemessen an amerikanischen Forschungsgehältern nicht viel. Aber den Mehrpreis für den Flug bezahlte sie trotzdem aus privater Tasche. Das hatte sie so mit ihrem Institut abgesprochen.

Kaum war sie am Sonntagmorgen gelandet, meldete sich ihr Chef am Telefon, noch während sie in der Schalterhalle auf ihr Gepäck wartete. Er war sehr gereizt.

Linh hatte noch nichts vom Auftritt des amerikanischen Präsidenten gehört. Ihr Chef tobte. Bis Linh verstanden hatte, was los war, dauerte es eine Weile. Sie nahm den Auftrag für eine Sondersitzung am Nachmittag an, bei der auch jemand vom vietnamesischen Ministerium anwesend sein würde.

Linh beendete das Gespräch und überlegte. Vielleicht hatte sich diese amerikanische Wissenschaftlerin deshalb so komisch benommen? Wie hieß sie noch gleich? Ach, ja: Grace. Linh nahm sich ein Taxi. Zuhause angekommen fuhr sie erst mal ihren Rechner hoch. Doch weder durch die Nachrichten noch durch das Durchscrollen ihres Mailpostkastens konnte sie sich ein klares Bild von der Lage machen.

Kurz bevor sie zu der Sitzung am Nachmittag aufbrechen musste, hatte sie die Idee, Urs Alder anzurufen. Er war ja der Koordinator des größten weltweiten Forschungsprojektes. Vielleicht konnte sie so etwas herausfinden.

Sie hatte Glück, dass Alder am Wochenende ans Telefon ging. „Hier spricht Linh Nguyen. Schön, dass ich Sie erreiche. Ich bin gerade zuhause angekommen und werde nicht schlau aus der Rede des amerikanischen Präsidenten. Was genau ist passiert?"

Urs Alder schluckte am anderen Ende der Leitung. Er hatte seinen Computer mit den aktuellen Messdaten gefüttert und gerade die ersten Auswertungen gesichtet. Wie viel sollte er Linh Nguyen verraten? Er begann vorsichtig: „Die Amerikaner haben Kalk in der Stratosphäre verteilt, um den Klimawandel zu bremsen."

Linh überlegte einen Moment. Sie brauchte mehr Details. „Entspricht das der Simulation, die wir auf der Konferenz von Grace Anderson gesehen haben?" Die Vietnamesin war extrem schnell auf den Punkt gekommen.

Urs zögerte. Es fiel ihm schwer, sie anzulügen. Dazu war er einfach nicht in der Lage. Vietnam beteiligte sich ja offiziell an der internationalen Kooperation dieses wissenschaftlichen Projektes. Er gab sich einen Ruck. „Nein, ich habe Hinweise, dass das nicht der gezeigten Simulation entspricht. Vermutlich haben sie die Dosis auf das 1,5-fache erhöht."

Linh legte weiter den Finger genau in die Wunde: „Welche Regionen haben dadurch die größten Niederschlagsverschiebungen?"

Urs war in der Zwickmühle. Aber irgendwie hatte Linh ein Recht, die Wahrheit zu erfahren. Auch wenn diese schmerzte. „Die größten Veränderungen sehe ich in der Umgebung des Australasiatischen Mittelmeeres. In Nordostaustralien und Indonesien wird es nasser und in Vietnam und Südchina trockener. Die Korrekturen betragen bis zu 2 mm Niederschlag pro Tag. Das sind erste Hochrechnungen, die ich gerade aus dem Rechner gezogen habe."

Linh war geschockt. Ihre Heimat Vietnam war betroffen. Das konnte doch alles nicht wahr sein! Sie stammelte ein kurzes „Dankeschön, für Ihre Offenheit …" Dann fragte sie noch, unter welchem Link Urs Adler diese Daten abgelegt hatte und legte auf. Das musste sie erst einmal verdauen.

Kapitel 26

Grace hatte eine weitere schlaflose Nacht hinter sich. Nach der Nachricht von Urs Alder hatte sie jetzt die Lust auf das Treffen mit ihrem Bruder völlig verloren. Aber das ließ sich ja nun nur schwer absagen. Sie hatte glücklicherweise einen legeren weißen Blazer eingesteckt, der einigermaßen als Garderobe für ein römisches Edelrestaurant taugte.
Schweren Herzens versuchte sie, sich ein wenig in Form zu bringen. Sie duschte eigentlich nicht täglich, um mit Wasser sparsam umzugehen, aber das musste jetzt sein. Es wirkte einfach erquickend, wie das Wasser über ihre unausgeschlafenen Gesichtszüge lief. Wenn man die ganzen Sorgen doch einfach so mit wegwaschen könnte! Sie föhnte kurz ihre Haare an und versuchte, mit einem Hauch von Lidschatten ihr müdes Äußeres ein bisschen zu verstecken. Dann nahm sie die Treppe und traf auf ihre Mutter im Foyer: „Wo bleibst du denn? Wir wollen doch nicht zu spät kommen. Ich habe schon ein Taxi bestellt."
Grace hätte gern ihrer Mutter das Elektrofahrzeug vorgestellt, aber zu spät! Jetzt fuhren sie halt mit dem Taxi. So konnte sie wenigstens etwas trinken, ohne auf ihr Limit zu achten. Vielleicht ließ sich das ganze Chaos dadurch auch ein wenig wegspülen. Ihre Mutter trug ein glitzerndes Kleid und hatte sich mit viel Hals- und Ohrschmuck aufgebrezelt. Und dann dieser pinkfarbene Lippenstift. Mal wieder zu grell und zu übertrieben, wie Grace fand. Aber sie kannte das ja. Sie zwängte sich hinten zu ihrer Mutter auf den Rücksitz und versuchte, ruhig zu bleiben.
Das Taxi fuhr über die Ringstraße entlang des Parks der Villa Borghese in Richtung Innenstadt. Ein großer Baldachin schmückte den Eingang des Zwei-Sterne-Restaurants *Aldrovandi Villa Borghese*. Alles war eher schlicht gehalten bis auf

die Kristallleuchter an der Decke. Der helle Marmorboden und die schweren Deckenbalken verliehen dem Restaurant eine gediegene Note. Terry hatte ein Séparée reserviert und erwartete sie zusammen mit seiner Frau Gloria an der Tür.
„Hallo Mutter, hallo Grace."
Die angedeutete Umarmung wirkte flüchtig und nicht wirklich herzlich. Seine Frau gab ihr nur kurz die Hand. Zu ihr hatte Grace noch nie wirklich eine Beziehung aufbauen können. Sie hatten völlig unterschiedliche Interessen. Gloria war etwa zehn Jahre jünger als Terry und sah wie immer sehr gestylt aus. Ihre blondierten Haare hatte sie hochtoupiert.
Graces Bruder führte alle an den gedeckten Tisch. Es wurde Champagner gereicht und nach einem kleinen Gruß aus der Küche servierte der Chefkoch persönlich am Buffet. Grace war klar, dass ihr Bruder demonstrieren wollte, was er im Leben erreicht hatte. Auf seine Mutter konnte er mit Austern, Scheren vom Hummer und Froschschenkeln Eindruck machen. Bei ihr erreichte er damit nur das Gegenteil. Er machte zu Beginn gleich den Fehler, von seinen letzten Karriereerfolgen zu schwärmen. Grace versuchte, sich ihren Unmut nicht anmerken zu lassen.

Terry hatte in jungen Jahren in Oxford studiert. Inzwischen war er Vorstand der Finanzabteilung eines tschechischen Stromerzeugers. Sein Konzern glänzte nicht gerade bei der Energiewende. Sie hatten viel zu spät in erneuerbare Energien investiert, um sich anschließend beim Kohleausstieg mit Hilfe von Ausgleichszahlungen des Staates gesundzustoßen.

Zu Zeiten der Pariser Klimakonferenz stammten etwa vierzig Prozent der weltweiten CO_2-Emissionen aus Kohlekraftwerken. Das war fünfundvierzig Jahre nach der ersten Klimakonferenz schon ein Trauerspiel. Die erneuerbaren Alternativen waren inzwischen wesentlich günstiger.
Mehrere große Stromversorger versuchten einfach mit den

abgeschriebenen alten Kraftwerken so lange wie möglich Geld zu verdienen.

Grace war der Meinung, wenn Unternehmen nur auf ihre kurzfristigen Quartalsgewinne schielten, ruinierte sich der Kapitalismus irgendwann selbst. Immer mehr Länder hatten inzwischen CO_2-Preise eingeführt, aber leider zu zaghaft. Der Preis war nach Graces Überzeugung ein Mittel, um den Markt zum Umsteuern zu zwingen. Nur leider lag dieser meistens unter dem Schadenswert, der der nächsten Generation entstand. Schweden war eines der wenigen Länder, das sich getraut hatte, schrittweise eine generationsgerechte Größenordnung des CO_2-Preises umzusetzen. Andere Länder hätten zumindest langsam nachziehen müssen. Ein kontinuierlicher Anstieg war das beste Mittel, damit sich die Unternehmen darauf einstellen konnten.

Grace hörte oft das Gegenargument, die Firmen würden die höheren Kosten an die Kunden weitergeben. Aber Kanada und die Schweiz hatten vorgemacht, wie man trotzdem die Menschen mit weniger Einkommen nicht abhängte. Grace gefiel diese Idee sehr gut. Man musste sich das als eine Art Kreislauf vorstellen. Die von den Unternehmen an den Staat gezahlten Euro wurden einfach mit einem einheitlichen Pro-Kopf-Klimageld an alle Bürger zurückverteilt. Jeder bekam das Gleiche, ganz egal, ob er vorher viel oder wenig CO_2-Abgabe gezahlt hatte. Menschen mit großem CO_2-Fußabdruck wurden ermutigt, bei ihren Kaufentscheidungen auf die CO_2-Kosten zu achten. Und diejenigen, die wenig konsumierten oder CO_2-reduzierte Produkte kauften, konnten bei diesem System unter dem Strich sogar Plus machen.

Gerade Familien und Menschen mit geringerem Einkommen profitierten von dieser Lösung, weil sie unterdurchschnittlich CO_2 emittierten.

So wurde niemand sozial benachteiligt. Dieser Ansatz schien erst einmal kompliziert, funktionierte aber hervorragend.

Grace wusste, dass ihr Bruder als Finanzexperte gegen eine CO_2-Bepreisung und irgendwelchen sozialen Schnickschnack war. Das vermasselte ihm den Erfolg seiner Kohlegeschäfte. Sie versuchte deshalb gar nicht erst, auf seine Erfolgserlebnisse als Vorstand eines Kohlekonzerns einzugehen und fragte Gloria, wie es den beiden Kindern Benjamin und Abigail ginge. Die hatten sie bei ihren Großeltern gelassen. Grace erfuhr etwas vom Geigenunterricht ihres Neffen, der auf einem mehr als siebzig Jahre alten Instrument die ersten Gehversuche unternahm. Und dann waren da noch die Fortschritte ihrer Nichte beim Dressurreiten, erste Pokale inklusive.

Jetzt drehte Terry den Spieß einfach um und fragte Grace nach den Erfolgen *ihrer* Arbeit. Sollte sie weiter ausweichen? Wahrscheinlich wollte er damit nur seine eigenen beruflichen Leistungen in Relation stellen.

Sie antwortete eher oberflächlich: „Die Beherrschung der Geo-Engineering-Techniken ist nicht ganz so einfach."

Angesichts der jüngsten Entwicklungen stapelte sie da schon ein wenig tief.

Ihr Bruder hatte sich anscheinend informiert: „Etwas anderes wird uns wohl kaum noch übrigbleiben."

Grace war erstaunt, so etwas aus dem Munde eines zentralen Mitverursachers der aktuellen Misere zu hören. Unglaublich!

„Das ist aber traurig, dass ihr der ganzen Welt diese Risiken zumutet. Und die ganze Verantwortung ladet ihr dann einfach bei uns Wissenschaftlern ab?!"

Grace hatte sich vorgenommen, sich nicht durch die Arbeit ihres Bruders provozieren zu lassen. Aber jetzt ging es um ihre Arbeit.

Sie hatte nach den aufreibenden Wochen eigentlich keine Kraft mehr, um zu streiten. Aber Terry provozierte weiter: „Du hast doch noch nie in deinem Leben Verantwortung übernehmen müssen! Ich musste schon ganz früh für riesige Investitionen geradestehen. Du kannst dir doch gar nicht vorstellen, wie das in der realen Wirtschaft ist, wenn man die Finanzen für so einen großen Konzern regeln muss! Das ist was ganz anderes als im Elfenbeinturm zu forschen!"

Das schlug dem Fass den Boden aus. Sie waren noch nicht einmal über die Vorspeise hinausgekommen, und schon fing wieder die Geschwisterrivalität, das ewige Abwerten und Rumgehacke an. Grace war der Appetit vergangen. Das erste Glas Champagner tat sein Übriges. „Ich fasse es nicht! Die Briefkastenfirmen für das deutsche Braunkohlegeschäft, in das ihr eingestiegen seid: Das nennst du Verantwortung?! Ihr habt darauf spekuliert, über eine Insolvenz die Renaturierungsreserven abzukassieren! Warum habt ihr nicht viel eher in erneuerbare Energien investiert?

Und dann erklär mir mal, Mr. Verantwortungsvoll: Wer bitte schön bleibt auf den ganzen unbezahlten Rechnungen sitzen? Die teuren Deiche, überschwemmten Häuser, unzähligen Missernten, abgebrannten Dörfer und von Hurrikanes verwüsteten Gegenden. Was sagst du dazu, häh?! Wer soll das alles später mal bezahlen?! Benjamin und Abigail sicher nicht! Die werden nicht stolz sein auf das, was du da angerichtet hast!"

Die Frau ihres Bruders schaute betreten weg.

Graces Mutter versuchte einzugreifen. „Grace, versuche, dich zu mäßigen. Terry kann doch nichts dafür."
Sofort fühlte Grace sich an ihre Jugend erinnert. Genauso war es immer abgelaufen. Ihre Eltern hatten sich stets auf die Seite ihres Bruders gestellt. Ganz egal, ob er recht hatte oder nicht.
Ihr Bruder setzte nach: „Die erneuerbaren Energien sind doch volatil. Wenn kein Wind weht und keine Sonne scheint, bricht dieses Kartenhaus zusammen."

Grace ärgerte sich: „Gerade ihr habt die Möglichkeit, das zu ändern! In der sogenannten kalten Dunkelflaute könnte man auf Wasserstoff umgerüstete Gaskraftwerke anwerfen. Aber nur genau dann! Wenn der dafür benötigte Wasserstoff an sehr windigen Tagen aus überschüssigem Windstrom elektrolysiert würde, wäre das Problem ganz elegant gelöst."
Ihr Bruder stichelte weiter: „Du bist wohl nicht in der Lage, deine Forschungen erfolgreich umzusetzen, oder warum suchst du die Schuld bei anderen?"
Genug war genug. Grace platzte der Kragen. „Die Methoden geraten außer Kontrolle, wenn wir nicht die Wende zu einer CO_2-freien Welt schaffen. Wir hätten schon längst umsteuern müssen."
Ihr Bruder kramte die alten Argumente der Nach-mir-die-Sintflut-Fraktion heraus: „Wenn China nicht mitmacht, dann ist das alles sowieso witzlos." Er versteckte sich hinter den anderen Problemfällen. Das war schön bequem. Die insgeheime Hoffnung, dass niemand voranschritt, schaffte stille Verbündete. Kollektiver Stillstand war das Ziel.
China war in den Augen von Grace gar nicht das Hauptproblem. Wenn man zum Beispiel die Summe der Emissionen seit Beginn der Industrialisierung verglich, hatten die Chinesen bis zur Pariser Klimakonferenz nur halb so viel wie die Vereinigten Staaten emittiert. Weil man den damaligen Schwellenländern keine Entwicklung verbieten durfte, die anderen Nationen vorher möglich gewesen war, wurde in Paris beschlossen, dass die chinesischen Emissionen weiter steigen durften. China musste diese erst nach 2030 senken. Trotzdem hielten die Chinesen ihre Emissionen annähernd konstant. Beim Thema Elektromobilität und dem Zubau erneuerbarer Energien liefen sie den alteingesessenen Industrieländern den Rang ab. Es wurden zwar noch Kohlekraftwerke gebaut, aber die Menge an Kohlestrom blieb interessanterweise konstant. China dezentralisierte also.

Die alten Industrienationen waren des Pudels Kern.
Hier lagen die Emissionen pro Kopf deutlich höher und die historische Verantwortung für das Dilemma wog deutlich schwerer. Deutschland zum Beispiel rangierte bezüglich der Summe der kumulativen Emissionen an vierter Stelle auf der weltweiten Rangliste.
Aber anstatt vorwegzulaufen, um zum Beispiel mit Wasserstoff-Technologien Geld zu verdienen, spielten die Industrienationen Mikado: Wer sich zuerst bewegt, hat verloren. Es brauchte immer eine kritische Masse an Unternehmen, die mitmachten, damit eine neue Technologie erschwinglich wurde.
Grace fand diese abwartende Haltung fatal. Je länger die notwendigen Transformationen aufgeschoben wurden, umso radikaler mussten sie dann später umgesetzt werden, damit die notwendigen Ziele noch erreicht werden konnten. Und dieses Warten auf die anderen: Es mussten ja alle mitanpacken, um noch irgendwie die Kurve zu kriegen! Ihr Bruder war gefangen im Schema der kurzfristigen Erfolge anstelle etwaiger Langfriststrategien. Die Welt war gescheitert, die Ökonomie auf ein gemeinwohlorientiertes Wirtschaften umzubauen. Deshalb sollte jetzt die Wissenschaft die Kohlen aus dem Feuer holen.
Sie fragte ihren Bruder: „Wer soll entscheiden, wer vom Geo-Engineering profitiert und wem es schadet? Was ist, wenn jemand die Methoden missbraucht?"
Auch das verstand ihr Bruder nicht. „Grace, was für eine Frage? Den größten Benefit sollten Amerika und vielleicht noch Europa rausschlagen, das ist doch ganz klar!! Das war doch immer so. Also echt jetzt, Grace, du warst noch nie die große Patriotin …"
Der Hauptgang wurde serviert. Grace hatte sich für Gemüseravioli mit Spinatquiche in Weißweinsoße entschieden. Sie starrte auf ihren Teller.

Manchmal beschlich sie das Gefühl, dass sich seit der Kolonialzeit noch nicht so viel verändert hatte. Dass einige Menschen sich so sehr über andere Menschen stellten, hatte sie noch nie nachvollziehen können. Das ekelte sie immer mehr an. „Was ist, wenn wir andere Länder mit diesen Methoden komplett vor die Wand fahren?"
Ihren Bruder beeindruckte das nicht: „Wie gesagt, Grace, dann musst du einfach nur deinen Job besser machen."
Grace war außer sich. Sie schrie ihn fast an: „Der Natur kann man nichts diktieren! Die Physik lässt sich nicht einfach so überlisten!"

Grace stand auf, warf die Serviette hin und verließ, ohne sich zu verabschieden, den Raum. Sie wollte einfach nur noch schnell zurück ins Hotel. Grace bestellte ein Taxi am Empfang. Lieber allein den Abend verbringen als mit dieser völlig auf ihr Geld und ihre Vorteile fixierten Familie.
Grace ertrug es allmählich nicht mehr, dass ein paar Prozent der Menschheit so viel besaß wie die ärmere Hälfte der Weltbevölkerung. Ihre Familie lebte ihr etwas vor, was sie einfach nur noch abstoßend fand. Hatten sie so wenig Mitgefühl und Empathie für andere Menschen?

Kapitel 27

Luca hatte während des Fluges nach Japan nicht wirklich ein Auge zubekommen. Das Restrisiko war zu groß, dass es doch noch irgendwelche Probleme mit seinen Verfolgern gab.
Erst, als Luca mitten in der Nacht in Tokyo gelandet war und sich endlich in der Ankunftshalle sicher fühlte, sackte er in der Flughafenlounge auf einem Couchsessel zusammen.
Trotz der permanenten Unruhe um ihn herum fiel er in einen Tiefschlaf, der tiefer nicht hätte ausfallen können. Selbst die mit Gong angekündigten Durchsagen erreichten nicht sein Bewusstsein. Nach mehr als zwölf Stunden wurde er unsanft von einer Stewardess geweckt, die an seinem Arm rüttelte. Er sah sie an und wusste erst gar nicht, wo er war. Langsam ebbten die Erlebnisse der letzten Tage zurück in seine Wahrnehmung.
Er hatte es geschafft! Was für ein erhabenes Gefühl! In der Lounge fand er eine englischsprachige Zeitung, die auf der Titelseite Walkers Rede zum Thema hatte: ‚Der Klimawandel gehört der Vergangenheit an!', lautete die Schlagzeile.
Die ganzen Strapazen waren nicht umsonst gewesen. Er war einfach nur erleichtert. Jetzt wünschte er sich nichts sehnlicher, als mit Grace zu sprechen. Nachdem er sich am Loungebuffet gestärkt hatte, suchte er sich einen Telefonshop. Sein Kryptohandy war in den Fluten der Seja unbrauchbar geworden. Er erstand ein Prepaidhandy und fand einen stillen Platz am Rande der Gastronomiemeile.
In Mitteleuropa musste es jetzt Sonntagmittag sein.
Luca hatte Graces Nummer auswendig gelernt, um keine Verbindung zwischen ihnen beiden zu dokumentieren.
Es klingelte acht Mal. Dann nahm sie ab.

„Grace?", seine Stimme zitterte etwas. Luca erwischte sie gerade, als sie nach langem Schluchzen wegen des vermasselten Essens mit ihrer Familie ein wenig auf ihrem Hotelbett weggedämmert war.
Die Pause war lang. „Luca, bist du es?"
„Ja."
„Du hast es also tatsächlich geschafft?!"
„Ja!!!"
Ihr fielen eine Reihe von Steinen vom Herzen: der der Wissenschaftlerin, der Erdenbürgerin und der verliebten Teenagerin. Sie hatte tatsächlich lauter Schmetterlinge im Bauch. Es fühlte sich so an, als sei sie noch einmal siebzehn Jahre alt.
Luca erzählte, dass er wohlbehalten in Tokyo gelandet war. Grace hätte wahnsinnig gerne nachgehakt, wie es ihm gelungen war, die Russen von ihrem Geo-Engineering-Start abzuhalten. Sie selbst hatte ja nichts erreichen können beim US-Geheimdienst. Aber so etwas konnten die beiden natürlich nicht am Telefon besprechen. Deshalb versuchte sie es nach einer kleinen Gedankenpause mit einer Andeutung: „Was mich jetzt brennend interessieren würde: Wie war das Wetter in Russland in der letzten Woche?"
„Ich weiß es nicht", gab er zurück. „Vielleicht etwas stürmisch …"
Es entstand ein längerer Moment, in dem nur die Leitung von Kontinent zu Kontinent leise surrte. Grace wusste nicht, wie sie den Faden wieder aufnehmen sollte. Luca versuchte deshalb, seine unbeabsichtigte Blockade mit einer Flucht nach vorn wiedergutzumachen: „Sehen wir uns wieder?"
Hatte Luca das gerade tatsächlich gesagt? Hatte er wirklich gefragt, ob sie sich wiedersehen würden? Grace wurde ganz warm ums Herz. Sie versuchte aber, sich das nicht anmerken zu lassen, als sie antwortete: „Ich bin im Moment in Rom

und habe noch ein paar Tage frei. Ich würde dich sehr gerne wiedersehen."
Luca war erleichtert. Die ganzen Strapazen waren nicht umsonst gewesen. Er hatte sie nur mit dem Gedanken an Grace überstehen können. Die Belohnung war jetzt nicht nur, einen wichtigen Schritt im Kampf gegen kritische Klimaveränderungen errungen zu haben, womöglich hatte er sogar ihr Herz gewonnen. „Meine Großeltern sind am Comer See geboren. Sie haben dort ein kleines Häuschen zurückgelassen, das meine Familie als Urlaubsdomizil nutzt. Dort könnten wir uns treffen."
Grace lief das Herz über. „Ja. Gern."
Er gab ihr die Adresse und sie verabredeten sich für Montagabend.

Dann rief Luca seinen Chef beim BND an. Sie vereinbarten einen kurzen Zwischenstopp am Berliner Flughafen.
In einem kleinen Café erzählte er mehr als eine Stunde lang, was passiert war. Thomas Becker fiel aus allen Wolken. Wie schnell war denn diese gewöhnliche Standardüberwachung in solch einer Odyssee geendet? Luca konnte glaubwürdig erklären, warum er sich zwischendurch nicht zurückgemeldet hatte. Nach anfänglichen Irritationen begriff sein Chef, dass er Außergewöhnliches für diesen Orbit geleistet hatte.
Becker machte sich ein paar Notizen und bat Luca um seinen offiziellen schriftlichen Bericht. Aber erst einmal sollte er sich ein paar Tage freinehmen.

Kapitel 28

Grace hatte abends noch kurz mit ihrer Mutter gesprochen. Es war keine herzliche Verabschiedung gewesen. Sie konnte und wollte den Streit des vorherigen Tages nicht ungeschehen machen. Und irgendwie verweilten sie ja beide schon länger in diesem Unverständnis zueinander.

Grace war am Montag in aller Frühe aufgebrochen und nahm zunächst die gleiche Route wie auf dem Hinweg von Genf aus. Es schien ein schwüler Tag zu werden. Das italienische Panorama brachte sie in Stimmung. Sie genoss die Vorfreude auf das Treffen mit Luca und fragte sich, was er aus Russland berichten würde. Und dann war sie natürlich gespannt, wie sich das zwischen ihnen beiden weiterentwickelte. Sie fühlte sich einfach beschwingt nach dem Stress der letzten Tage. Das tat unglaublich gut.

Sie legte wieder jeweils einen Stopp in der Nähe von Florenz und Mailand ein, um das Elektroauto aufzuladen. Die Fahrt verlief absolut reibungslos, und je näher sie den Alpen kam, desto überbordender wurde ihre Laune. Wie nah würden sie sich kommen? Grace zwang sich, ihrer Fantasie keinen allzu freien Lauf zu lassen.

Sie erreichte die Stadt Como. Die Straßen wurden immer verwinkelter. Ihr Navigationsgerät führte sie direkt unten am See entlang. Angefangen von alten Villen, die ein bisschen venezianischen Charme ausstrahlten, bis hin zu verfallenen mittelalterlichen Ruinen, war alles an dieser Uferstraße zu finden. Nach etwa zehn Minuten erreichte sie einen kleinen Ort mit ein paar einfachen Häusern am Hang und den typischen Fensterläden. Ihr Navigationsgerät sagte den Satz: „Sie haben Ihr Ziel erreicht."

Was für eine schöne Vorstellung, alle ihre Lebensziele so einfach erreichen zu können!

Aus dieser herrlichen Gegend kam Lucas Familie also. Ein Traum. Sie parkte das Auto auf einer kleinen Piazza mit einem Denkmal in der Mitte. Beim Aussteigen betrachtete sie kurz das Motiv: ein Mann mit einer Fahne, der einen Berg erklomm. Irgendein Andenken an die gefallenen Soldaten. Grace versuchte, die Hausnummer zu orten, die Luca ihr genannt hatte. Es musste die kleine Hütte oben am Hang sein. Grace mochte den terracottafarbenen Anstrich und die dunkelroten Dachziegel. Die Fenster ließen sich gegen die Hitze des Sommers mit einfachen Läden abschatten. Der Garten war liebevoll gepflegt. Wer wohl nach dem Haus sah, wenn niemand aus Lucas Familie Zeit dafür hatte?

Grace war eine Stunde zu früh. Sie ging den Hang hinauf und klingelte. Niemand öffnete. Das war nicht weiter schlimm. So konnte sie noch mal ganz in Ruhe den Ort auf sich wirken lassen. Sie lugte rechterhand in den Spalt zwischen den Fensterläden. Das musste die Küche sein. Diese sah einfach, aber sehr gemütlich aus. Die Wände waren in einem ganz zarten Orange gestrichen. In der Mitte stand ein großer Holztisch mit einer leeren Obstschale, einer Zuckerdose und zwei Kerzenleuchtern. Einer der oberen Schränke war als Vitrine verglast. Das ermöglichte den Blick auf das darin arrangierte zartgeblümte Geschirr. Grace setzte sich auf eine der Treppenstufen und ließ die Seele ein wenig baumeln. Sie hatte sich für bequeme Kleidung entschieden. Ihr auberginefarbenes Strickkleid war unempfindlich genug, um direkt auf den Steinen zu sitzen. Es war relativ kurz, ärmellos und kaum tailliert. Sie zog die Beine an sich und umschloss die Knie mit ihren Armen. Der Blick auf den Comer See löste in ihr eine tiefe innere Ruhe aus. Die milde Abendsonne verzauberte die ohnehin romantische Idylle.

Wie würde ihr Leben jetzt nach dem Einsatz in der Stratosphäre weitergehen? Sie hatte keinen blassen Schimmer.

Umso mehr konnte sie alles auf sich zukommen lassen. Sie war offen für Neues.

Kurz vor neunzehn Uhr kam ein Taxi langsam den Weg herauf. Grace spähte neugierig dem Fahrzeug entgegen. Ja, das war Luca! Ihr Herz pochte, als sie aufstand und ihm entgegenlief.

Luca hatte die Tür seines Taxis aufgerissen und eilte ihr entgegen. „Grace, meine Schöne! Dass ich dich wiedersehen darf, oh Mann! So etwas wie *du* ist mir in meinem ganzen Leben noch nicht passiert."

Grace musste lächeln und meinte: „Luca, ich bin so froh, dass du hier bist! Ich habe mir solche Sorgen um dich gemacht. Wie bist du da nur heil wieder rausgekommen?"

Luca verzog ein wenig das Gesicht: „Ja, das war ein ganz schöner Höllenritt."

Grace hatte die zerrissene blutbefleckte Stelle seiner Jeans registriert. Sie hielten sich fest, ohne etwas zu sagen. Er löste langsam die Umarmung, bezahlte den Fahrer und schloss die Tür auf. „Ich glaube, ich muss erst mal unter die Dusche. Ich dufte bestimmt wie ein ganzer Pumakäfig."

Grace tat so, als ob sie nichts extrem Unangenehmes bemerkt hätte. „Tu dir keinen Zwang an", sagte sie mit einem breiten Grinsen.

Sie standen sich gegenüber. Grace stellte ihren Rollkoffer direkt neben dem Esszimmertisch ab. Luca war ohne Gepäck gekommen. Das war unterwegs auf der Strecke geblieben. Er stand mit dem Rücken zur offenen Badezimmertür und sah sie intensiv an. Langsam begann er sein Hemd aufzuknöpfen und zog dann sein Bodyshirt über seinen durchtrainierten Oberkörper. Grace bemerkte die wunde Stelle an seiner linken Schulter, die von dem Streifschuss des russischen Wachsoldaten herrührte. Als er sich zum Badezimmer umdrehte, meinte Grace eine Geste seines Kopfes erkannt

zu haben. So ein leichtes Nicken zur Seite, als eine Art Aufforderung, ihm zu folgen. Er ließ die Tür einfach offenstehen. Als er sich kurz vor der Dusche seine Jeans samt Boxershorts abstreifte, war Grace sich sicher, dass es sich um eine Einladung handelte. Luca schlüpfte in die Kabine hinein und drehte den Hahn mit heißem Wasser auf, bis es über ihn hinabprasselte. Er vermied es, sich umzudrehen. Nach einer knappen Minute hörte er, wie die Duschtür noch ein zweites Mal leise knarrte und dann spürte er wie Grace Hände vorsichtig seine Schultern umfassten. Er genoss diesen knisternden Moment und auch den Kuss in seinem Nacken, der darauf folgte. Luca wartete ab, um ihr die Initiative zu überlassen. Als sie dann ihren Oberkörper an ihn presste, war seine Erregung nicht mehr zu bremsen. Er konnte nicht anders. Jetzt musste er sich umdrehen. Er nahm ihr Gesicht zwischen seine Hände und sie küssten sich leidenschaftlich. Luca schob Grace langsam gegen die gekachelte Wand. Er hatte den Mund leicht geöffnet und spürte, wie ihre Lippen seine Oberlippe umschlossen. Sie hatte sich diese Stelle ausgesucht, um langsam aber sicher das Tempo ihres Verlangens zu steigern. Ihr Kuss fühlte sich vorsichtig aber gleichzeitig fordernd an, als würde man auf einem Drahtseil versuchen, die Balance zu halten. Das heiße Wasser verwandelte sich mehr und mehr zu Dampf und hüllte sie ein. Seine Hände strichen von ihren Hüften ausgehend ihre Taille entlang und folgten den Kurven ihres Körpers. Jetzt spürte sie, wie erregt er war. Sie fing laut an zu stöhnen. Als er versuchte, sie vorsichtig anzuheben, hielt sie sich an seinen Schultern fest und umschlang seine Hüften mit ihren Beinen. Sie fanden zueinander und ihre immer schnelleren Bewegungen wurden begleitet von lauten Seufzern.
Zu viele Emotionen hatten sich aufgestaut. Die Lust brach einfach ihre Bahn. Der Höhepunkt ereilte sie beide kurz nacheinander und kam wie eine Befreiung daher.

Luca hielt inne und versuchte erst einmal wieder zur Besinnung zu kommen. Seine Atemzüge normalisierten sich ganz allmählich wieder. Grace löste vorsichtig die Umklammerung, um von ihm sanft zu Boden gelassen zu werden. Sie genossen gemeinsam das heiße Wasser und den schwebenden Moment. Grace schmiegte sich an Luca und begann, ihn langsam mit etwas Seife aus dem Spender abzuseifen. Sie neckten sich einander und lachten dabei wie zwei unbeschwerte Kinder. Luca tastete nach einem großen Badelaken im Umkreis der Dusche und stellte das Wasser aus.
Nachdem sie sich gegenseitig abgerubbelt hatten, organisierte er für beide einen Bademantel. Dann versuchte er, Feuer im Kamin zu machen.
Grace wickelte sich ein Handtuch um ihre blonden nassen Haare und schaute in der Küche nach etwas Essbarem. Sie stieß auf Farfalle-Pasta, Tomatensugo und getrockneten Oregano. Nachdem sie ein paar Schranktüren geöffnet hatte, fand sie sich in dem hinterlassenen Chaos an Töpfen, Geschirr und Besteck einigermaßen gut zurecht. Im Garten erspähte sie noch ein paar Stauden mit dunkelroten saftigen Flaschentomaten und frische Blattpetersilie. Nach etwa dreißig Minuten konnte sie auf dem Esszimmertisch ein halbwegs passables Mahl präsentieren.

Nach einem dicken Kuss setzten sich beide. Luca sah, dass Grace darauf brannte, alles über seine erfolgreiche Mission bei den Russen zu erfahren. „Du möchtest mehr über meinen ‚Ausflug' wissen …?", fragte er und deutete beiläufig auf Graces Handy. Diese verstand sofort, schaltete es aus und nahm die Batterie heraus, während er das Essen auftat. Dann begann Luca zu erzählen: „Es war nicht so einfach. Mein Kontakt hat nicht direkt reagiert, er wollte Beweismaterial. Aber ich habe immerhin von ihm ein paar Hinweise zu dem Stützpunkt erhalten. Ich musste also dirckt nach Russland fliegen und mir dort ein Taxi zu der Luft- und Raumfahrtzentrale nehmen. Dann habe ich persönlich Hand im Serverraum angelegt. Du verstehst sicher, wie ich das meine." Er wollte nicht zu viele Details präsentieren. Aber er wollte auch ehrlich zu ihr sein.

„Woher beherrschst du so etwas? Das schafft doch kein normaler Mensch?"

„Grace, ich habe mich bisher nicht getraut, dir das zu erzählen. Aber ich glaube, ich muss es dir jetzt sagen, sonst haben wir keine Chance." Er machte eine kurze Pause und fuhr anschließend fort. „Also. Es ist so: Ich arbeite für den deutschen Geheimdienst BND."

Grace starrte ihn ungläubig an.

Luca erklärte sich genauer. „Kein anderer Mensch aus meinem privaten Umfeld weiß davon. In meinen bisherigen Beziehungen habe ich das immer verschwiegen. Letztendlich sind diese dann alle daran zerbrochen. Du hast mir anvertraut, dass Amerika eine Transport-Flugzeugstaffel in die Stratosphäre schickt. Das durftest du sicher nicht. Dafür bist du ein hohes Risiko eingegangen. Jetzt möchte ich mich für dein Vertrauen revanchieren."

Grace musste das erst einmal verdauen. Hatte er sich deshalb an sie rangemacht? Das rückte alles in ein anderes Licht. Außerdem war die Hoffnung dahin, endlich jemanden gefunden zu haben, der sich wirklich für ihr ‚Herzensthema' interessierte. Grace schaute ihn irritiert an und sagte kein Wort. Luca realisierte, dass jetzt genau das passierte, was er die ganze Zeit befürchtet hatte. Er versuchte, in ihren Augen zu lesen. Da half nur noch Ehrlichkeit.

Er nahm einfach einen weiteren Anlauf: „Ich kann verstehen, wenn du sauer bist, weil du jetzt unsere Beziehung anders beleuchtest. Aber ich hoffe, du spürst, dass das eine nichts mit dem anderen zu tun hat! Zuerst wollte ich nur etwas über den Stand eurer Forschungen herausbekommen.

Das ist richtig. Dann habe ich mich aber einfach unsterblich in dich verliebt. Und seitdem lebe ich mit der Angst, dass mein dienstlicher Auftrag alles ruiniert. Dass du mich deshalb abweisen könntest. Ich habe während meiner ganzen Flucht durch Russland darauf gehofft, dich wiederzusehen. Bisher haben sich meine Partnerschaften immer ganz langsam entwickelt. In so kurzer Zeit von null auf hundert, das kannte ich noch gar nicht. Sicher war das auch den ganzen Umständen dieser Krise geschuldet. Die Gefühle haben mich einfach überwältigt. Ich konnte gar nichts dagegen tun." Er machte eine lange Pause. „Bitte gib unserer Liebe eine Chance."

Wie sollte Grace das verneinen. Als Antwort schob sie ihren Stuhl zur Seite und stand auf. Luca rappelte sich hoch. Dabei warf er seinen Stuhl um. Sie sanken sich in die Arme. Grace hauchte: „Ich glaube dir. Und ich wünsche mir nichts sehnlicher als deine Liebe." So blieben sie eine Weile ineinander versunken, bis sie irgendwann wieder Platz nahmen. Die Nudeln waren inzwischen fast kalt. Aber das spielte jetzt keine Rolle mehr.

Nach dem Essen gingen sie zu Bett. Sie lagen erschöpft und ineinander verschlungen im Ehebett seiner Großeltern.
Grace fühlte sich sehr geborgen.

Dass Luca ganz allein die russische Stratosphären-Mission aufgehalten hatte, konnte sie immer noch nicht fassen. Wie er dort wieder ungeschoren herausgekommen war, fand sie einfach sensationell tough! Das imponierte ihr schon.

Sie redeten noch eine ganze Weile. Grace erzählte Luca von dem vorgezogenen Start der amerikanischen Mission und dann von Urs Alders Verdacht einer höheren Dosis in der Stratosphäre. Luca begann zu grübeln und löcherte sie, wie es denn jetzt damit weitergehen sollte … Grace konnte es nicht sagen. Sie musste erst einmal die Auswertungen von

Urs abwarten. Solange wollte sie ihrem Institutsleiter John Delaware aus dem Wege gehen. Sie war ja noch immer im Urlaub.
Graces Sorgen über die kritische Kombination von Kalk und Schwefelsäure waren zum Glück inzwischen hinfällig. Und das Problem mit der Ozonschicht hatte sich auch erledigt. Aber wenn es sich bewahrheitete, blieb jetzt anstelle der Überdosierung durch zwei Aerosol-Missionen womöglich die Problematik der erhöhten Dosis der Amerikaner bestehen. Diese Angelegenheit musste noch gelöst werden ...

Luca bewunderte Grace dafür, dass sie diesen ganzen wissenschaftlichen Background besaß. Er war in der Schule keine Leuchte gewesen. Luca blickte von je her zu denjenigen Menschen auf, die über gute logische Fähigkeiten verfügten, komplexe Zusammenhänge verstanden und neues Wissen erschließen konnten. Ihm imponierte, dass Grace sich in dem internationalen wissenschaftlichen Umfeld des Geo-Engineerings einen Namen gemacht hatte. Das war schon etwas ganz Besonderes. Er begann mit dieser tollen Frau in den Armen ganz allmählich einzuschlummern.

Der nächste Tag brach an. Luca und Grace hatten erst einmal lange ausgeschlafen.
Im Schrank fanden sich für Luca noch ein paar Shirts und Hosen, die von den vorangegangenen Urlauben übriggeblieben waren. Grace versorgte aber zunächst einmal seine Wunden.
Dann frühstückten sie in der Bäckerei unten im Ort. Beide hatten Lust auf einen spontanen Ausflug. Sie fuhren mit dem Auto die engen Serpentinen des Voralpenlandes Richtung Schweiz hinauf.
Das Wetter war immer noch mild. Von hier oben hatte man eine fantastische Sicht auf die kleinen Orte auf der Gegenseite des Ufers wie Torno oder Nesso. In den höheren

Serpentinen konnte man sogar bis nach Bellagio schauen. Sie legten zwei kurze Fotostopps ein. Die Gegend wurde immer einsamer. Ab und an sahen sie von weitem almählniche Höfe mit kleinen Gruppen weidender Kühe, manchmal versperrten diese sogar direkt die Straße.

Plötzlich mündete der Weg in einer Sackgasse. Sie parkten das Auto zwischen zwei anderen Leihwagen direkt im Wendehammer. Hinter einer Ruine fanden sie ein kleines Restaurant mit einer kurzen Speisekarte voller Spezialitäten. Es gab ein paar Tische draußen. Dort waren sie die einzigen Gäste. Sie entschieden sich gemeinsam für eine hausgemachte Gnocchi-Pfanne mit buntem Gemüse und einer delikaten Gorgonzolasauce. Der Ausblick war überraschend weitläufig und nahm ihnen fast den Atem. Auf den Gipfeln der Schweizer Alpen sah man noch Reste von Schnee. In diesem Moment waren alle Probleme der letzten Zeit vergessen. Die beiden frisch Verliebten genossen den friedlichen Moment und ihr gemeinsames Glück.

Als zum Nachtisch Panna Cotta serviert wurde, bat Luca Grace: „Erzähl mir mehr von deinen Träumen."

Sie überlegte nicht lange: „Für mich persönlich wünsche ich mir nicht viel. Um zufrieden zu sein, brauche ich nur solche Momente wie diesen. Einfach nur den Blick hier oben zu genießen, das reicht mir. Wenn ich dann noch einen Menschen an meiner Seite weiß, den ich liebe, dann bin ich der glücklichste Mensch der Welt. Und mein Traum für diesen Planeten: die Klimakrise irgendwie in den Griff zu bekommen. Ich hätte nie gedacht, dass ich so sehr involviert sein würde. Und ja: Die Verantwortung wiegt schwer."

Luca konnte das nachvollziehen. Er versuchte, sie wieder auf andere Gedanken zu bringen, indem er einen Streich aus seiner Jugend erzählte. Sie herzten einander und in der Stille der Berge war neben dem Gebimmel der Kuhglocken nur Grace und Lucas Lachen zu hören.

Die Zeit verging wie im Fluge. Sie genossen das sommerliche Wetter. Luca hatte kurzfristig im Internet Karten für die Mailänder Scala ergattert, die jemand umstandshalber abgeben musste. Die Tickets waren nicht ganz billig gewesen, aber das war es ihm wert. Nicht wirklich passend gekleidet, aber mit unbändiger Vorfreude machten sie sich am nächsten Tag auf den Weg in die Oper. Sie hatten Plätze im Rang. Der Blick auf die Bühne war vielversprechend.
Grace war noch nie in ihrem Leben in den Genuss gekommen, eine Oper von *Verdi* live zu erleben. Als die Aufführung begann, war sie sehr ergriffen von der Musik. Der Tenor sang alles in Grund und Boden. Die Sopranstimme der Hauptdarstellerin bildete das zarte Gegengewicht. Luca war mit der Oper aufgewachsen. Seine Mutter hatte ihm diese Art der Darbietung von klein auf nahegebracht. Er schilderte ihr leise flüsternd den Inhalt des Liebesdramas, das hier aufgeführt wurde. Als sie sich daraufhin leidenschaftlich küssten, gab es in der Reihe hinter ihnen Proteste, dass man der Oper nicht mehr folgen könne. Grace konzentrierte sich wieder auf die Inszenierung. Luca nahm ihre Hand und lächelte sie von der Seite an.
Als der rote schwere Samtvorhang fiel, war Grace ganz berauscht von der Schönheit dieses Abends. Sie fuhren schweigend, jeder in seine Gedanken vertieft, zurück in das Haus seiner Eltern am Comer See.

Auch an den nächsten Tagen schliefen sie immer bis in den späten Vormittag hinein. Das Wetter blieb weiterhin heiter mit einer leichten Brise. Nachmittags unternahmen sie kleinere Ausflüge am Wasser entlang oder sie fuhren mit der Fähre auf die andere Seeseite. Am Ziel angekommen, genossen sie jedes Mal den täglichen Spaziergang. Einmal kraxelten sie einen einsamen Weg hoch hinauf zu einem Steinbruch. Oben sollte der Ausblick auf den See phänomenal sein. Das hatte ihnen der Besitzer der Eisdiele unten am Ufer versprochen.

Grace kam ganz schön aus der Puste. Der Weg war steil und bestand zwischendurch aus vielen stufigen Abschnitten.

Mehrmals mussten sie eine Verschnaufpause einlegen. Am Ziel angekommen setzte sich Grace auf die kleine Mauer, die entlang des Weges aus Steinen aufgetürmt war. Es roch intensiv nach wildem Thymian, der hier auf den Wiesen wuchs. Der Ausblick auf den Comer See war unübertroffen.

Luca murmelte leise vor sich hin: „Ach, könnte ich nur die Zeit anhalten …?"

Grace hatte das gehört, lächelte zurück und nickte. Sie genossen einfach einen Moment lang die herrliche Ruhe, bevor sie sich auf den Rückweg machten.

Jeden Abend gingen sie unten im Ort in das kleine Restaurant *Fioroni*. Der stimmungsvolle Wintergarten bestach durch seinen traumhaften Seeblick. Immer, wenn die letzten Gäste beim Nachtisch angekommen waren, setzte sich der Besitzer persönlich ans Klavier. Das gab dem Ganzen eine sehr romantische Note. Dort verbrachten sie die Abende bei Kerzenschein und probierten die ganze Menükarte durch, einmal rauf und wieder runter.

Am übernächsten Freitag waren sie wie gewohnt in ihrem Lieblingsrestaurant eingekehrt, als mitten im Hauptgang plötzlich der Klingelton von Graces Handy diese abgeschiedene Idylle durchriss. Es war Urs Alder.

„Was hast du für Neuigkeiten?", fragte Grace.

Urs war völlig aufgelöst. „Die Überwachungsmessflüge über dem Australasiatischen Mittelmeer zeigen auf einmal hohe Mengen von Eisenchlorid in der Ebene der marinen Schichtwolken. Das Salz verteilt sich bereits über eine große Zone des tropischen Gürtels. Ich habe das heute Morgen eher zufällig beim Durchscrollen der Daten entdeckt."

„Nein! Oh Gott! Das darf nicht wahr sein!" Grace wusste, was das bedeutete. Diese Substanz wurde verwendet, um die marinen Wolken aufzuhellen. Linh Nguyen forschte daran; sie kam aus dieser Region. Diese Substanzen wurden mit Schiffen als Sprühnebel in die Luft gejagt. Man brauchte dafür keine Flugzeuge. Das Eisenchlorid blieb nicht monatelang in der Atmosphäre, sondern hielt nur etwa eine Woche vor. Die Wirkung ließ sich ähnlich wie bei der Stratosphären-Methode einstellen, man musste nur ständig mit dem Sprühnebel nachlegen. Der Lock-in-Effekt war der gleiche. Hatte man einmal begonnen, gab es Probleme, wenn man die Methode plötzlich wieder abbrach. Dann gab es schnellere Klimaveränderungen, als wenn man den Klimawandel einfach laufen gelassen hätte.

Grace fragte bei Urs völlig desillusioniert nach: „Könnte Linh dahinterstecken?" Urs sagte ohne konkrete Hinweise auf das Gespräch mit ihr: „Ich wüsste nicht, wer sonst … Die Methode wird sicher als Counter-Geo-Engineering eingesetzt worden sein, also als eine Art Gegenmaßnahme zu TOTAL RESET. Meine Simulationen mit den erhöhten Mengen zeigen, dass gerade diese Region durch den Eingriff der Amerikaner eine stärkere Trockenheit zu erwarten gehabt hätte."

Grace wirkte frustriert. Sie bedankte sich trotzdem für die Info und versprach, sich bald wieder zu melden.

Urs bettelte um Hilfe: „Grace ich brauche dich hier! Das Ganze fliegt uns um die Ohren. Wir müssen uns überlegen, was jetzt zu tun ist. Du kennst dich am besten mit den Simulationen aus. Gemeinsam können wir vielleicht eine global ausgeglichenere Lösung vorschlagen."

Grace dachte nach. Wie sollte das gehen? War es dafür nicht schon zu spät? Sie atmete einen Moment lang durch und überlegte kurz.

Diese Bitte konnte sie Urs einfach nicht abschlagen. Dazu war sie zu sehr in die Geschehnisse verstrickt.

„Ja, ich verstehe das. Dann muss ich mich wohl so schnell wie möglich auf den Weg zurück nach Genf machen."

Sie besprachen noch ein paar weitere Details, dann legte Grace auf.

Luca hatte nicht ganz begriffen, was los war. Dass ihr Kurzurlaub schon vorbei sein sollte, enttäuschte ihn maßlos. Sie konnte doch nicht einfach so wieder abreisen? Seinem Blick nach zu urteilen, nahm er ihr das ziemlich übel.

Grace versuchte, Luca den ganzen Zusammenhang in Ruhe zu erklären.

„Das, wovor einige Experten uns gewarnt haben, genau das ist jetzt eingetreten. Weil die Amerikaner wohl versuchen, sich ihr lokales Klimaoptimum zu basteln, verschärfen sich in Südostasien die durch das Geo-Engineering verursachten Extremwetterlagen zusätzlich. Am nördlichen Rand dieser Zone droht eine schwere Trockenheit; im südlichen Bereich sind hohe Niederschläge und Überschwemmungen zu erwarten. Das sind lokale Verschiebungen. Wir nehmen an, dass benachteiligte Länder aus dieser Region mit der Methode der Wolkenaufhellung das Klima so übersteuern wollen, dass diese Nebenwirkungen zurückgedreht werden. Das ist ein Teufelskreislauf, weil sich dann wieder an anderen Orten die Niederschläge verändern. Außerdem könnten die Temperaturen dadurch insgesamt langfristig unter das vorindustrielle Niveau sinken, weil nun wieder eine weitere Maßnahme am Start ist. Anscheinend sind wir wohl in einer Phase des Geo-Engineering-Wettrüstens angekommen. Eine Art Spirale, aus der es schwer sein wird, wieder zu entkommen. Wir laufen vielleicht auf einen Super-GAU zu. Ich weiß nicht, wo das noch hinführen soll. Ich muss zusammen mit Urs nach einem Kompromiss suchen. Er hat noch fünf weitere Kolleginnen und Kollegen angesprochen, die sich mit

diesen Details auskennen. Ich hoffe, sie können ebenfalls kurzfristig zu unserer Forschungsgruppe dazu stoßen. Experten auf diesem Gebiet gibt es weltweit leider nur sehr wenige."
Luca begriff jetzt, warum Grace aufbrechen musste. Das war schließlich ein Notfall. „Wir besorgen dir erst mal ein Prepaid-Telefon, damit wir diesmal problemlos in Verbindung bleiben können."
Nach dem Essen liefen sie zurück zum Haus seiner Eltern. Am einzigen kleinen Geschäft des Dorfes legten sie einen kurzen Stopp ein. Grace erstand dort irgendein chinesisches No-Name-Handy mit aufladbarem Datenvolumen.

Die Koffer waren schnell gepackt. Nur der Abschied fiel beiden unendlich schwer. Grace versuchte, die richtigen Worte zu finden: „Luca, ich fahre nur sehr ungern los. Du bedeutest mir wahnsinnig viel. Wenn das alles hier vorbei ist, dann beginnt eine neue Zukunft für uns?" Sie sah ihm dabei fragend in seine blauen Augen.
Luca antwortete prompt: „Ja, ich wünsche mir nichts mehr als das." Wehmütig nahm Luca Grace ein letztes Mal in die Arme. Sie küssten sich hingebungsvoll, mit allem, was ihre Leidenschaft zu bieten hatte. So wie beim ersten Kuss. Lucas Blick war voller Sehnsucht.

Grace ging langsam zu ihrem Fahrzeug, schaute sich noch einmal um und fuhr schweren Herzens los. Als sie den idyllischen Weg entlang des Comer Sees in Richtung Autobahn fuhr, sah sie Luca winkend im Rückspiegel. Sie erwiderte die Geste, und als sie um die Ecke bog, konnte sie ihre Tränen nicht mehr zurückhalten.

Teil IV

Mai 2016

Kapitel 29

Rückblende in das Jahr 2016

Luca hatte zwei Bronze-Medaillen bei den Jugend-Wettbewerben in Ruhpolding und Kontiolahti gewonnen. Es fühlte sich gut an, auf dem Treppchen zu stehen, wenn der Applaus aufbrandete. Aber er war sich inzwischen sicher, dass eine Sportkarriere nicht das Richtige für ihn wäre. Luca wollte nicht ständig in der Öffentlichkeit stehen. Er träumte eher von einem Job beim Geheimdienst. Das war aufregender. Und seine Karriere wäre dann auch nicht bereits mit dreißig zu Ende. Oder doch? Wenn er richtig spannende Aufträge bekäme, dann würde er auch gewisse Risiken eingehen müssen ... Aber darum ging es ja. Er wollte den Nervenkitzel. Bloß nicht sein Leben lang Pizza servieren wie sein Vater! Das war ihm auf jeden Fall zu langweilig!

Nach seinem Sportabitur wurde ihm der Bundeswehrdienst bei der Sportfördergruppe empfohlen. Was für eine Chance! Wenn er sich geschickt anstellte, wäre das womöglich ein Sprungbrett für den Bundesnachrichtendienst. Dem militärischen Drill konnte er nicht wirklich etwas abgewinnen. Aber es würde genug Zeit bleiben, erst einmal seine Biathlontechnik weiter zu verfeinern. Und nach der Grundausbildung stände ihm dann vielleicht der Weg Richtung Geheimdienst offen.

Also begann Luca seine Ausbildung zum Obergefreiten. Seine Eltern hatten nichts dagegen einzuwenden gehabt.

Mehr denn je versuchte er sich von den anderen Kameraden abzuschotten. Ständig Sprüche zu klopfen, lag ihm nicht. Einige in seiner Sportkompanie waren ganz schöne Angeber. Anstatt auf den Busch zu klopfen, zeigte er ihnen besser auf der Piste und am Schießstand, wo die Messlatte hing. Das kam bei seinem Ausbildungsfeldwebel sehr gut an. Nach einem Jahr vertraute Luca ihm sein eigentliches Berufsziel an, in der Hoffnung, ein paar Bewerbungstipps zu bekommen. Sein Ausbilder war im ersten Moment sehr enttäuscht, dass er nicht bei der Truppe blieb. Er hätte ihm langfristig die Aufnahme in die deutsche Herrenstaffel zugetraut. Nach zwei Tagen war der Ärger aber zum Glück verflogen. Weil sein Vorgesetzter Luca mochte, bot er ihm seine Hilfe an. Er könne ja bei einem entfernten Bekannten, der für den Bundesnachrichtendienst arbeitete, einmal nachfassen. Luca strahlte vor Freude. Seine Bewerbung hatte er bereits vorbereitet. Es wäre ja so genial, wenn sein Ausbilder diese an den Geheimdienst weitergäbe. Sie sollte einfach nicht im Wust von tausend anderen Bewerbungen untergehen. Drei Wochen saß er auf heißen Kohlen. Er konnte abends vor lauter Spannung nicht einschlafen und war tagsüber ziemlich unkonzentriert. In der vierten Woche war dann am Freitag ein Umschlag vom BND im Briefkasten. Seine Mutter dachte sofort, er hätte etwas Schlimmes ausgefressen. Sie war im ersten Moment erleichtert, als sie hörte, es handele sich nur um eine Bewerbung. Als Luca dann die Einladung zum Vorstellungsgespräch aus dem Umschlag zog, realisierte sie erst so richtig, was los war. „Warum hast du nichts davon erzählt?"

„Ich wollte nicht, dass ihr euch Sorgen über ungelegte Eier macht."

„Aber jetzt hast du uns einfach überrumpelt."

„Ach, Mutter, es ist doch nur ein Job im Innendienst. Nichts Gefährliches. Bitte versuche, es Papa schonend beizubringen."

Sein Vater hätte es bestimmt gern gesehen, wenn Luca in seine Fußstapfen getreten wäre, aber das kam für ihn nun einmal nicht in Frage.

Luca entschied sich, seine Ausgehuniform beim Bewerbungsgespräch zu tragen.

Der BND-Komplex kam Luca riesig vor. Die ganze Fassade war gepflastert mit ganz besonders schmalen, langen Fenstern. Er hatte noch nie ein so unpersönliches Gebäude gesehen.

Luca meldete sich am Empfang. Auch drinnen wirkte alles kühl und anonym. Eine der Pförtnerinnen begleitete ihn mit dem Fahrstuhl nach oben. Hier ließ man niemanden allein. Auf den endlos langen Fluren hingen keine Bilder. Er bemerkte nichts Lebendiges, noch nicht einmal Topfpflanzen. Nur die vielen Überwachungskameras stachen ins Auge.

Dann wurde er in einen Besprechungsraum geführt, in dem bereits zwei Frauen auf ihn warteten. Sie standen sofort auf, als er eintrat. Beide trugen ein dunkelblaues Kostüm. Wenn man ganz genau hinschaute, war da aber eine etwas andere Farbnuance und eine unterschiedliche Taillierung zu erkennen. Hände wurden geschüttelt. Die beiden Frauen baten Luca, sich ein wenig auf Abstand, an das Ende des Besprechungstisches, zu setzen.

Die Fragen der Interviewerinnen gingen direkt ins Eingemachte. Sie klopften seine Zielstrebigkeit ab. Das war kein Problem. Da brauchte er ihnen ja nichts aufzutischen. Und auch über sein Elternhaus und sein Umfeld gab Luca bereitwillig Auskunft.

Aber dann kam die Frage: „Wie viel Überwindung es ihn kosten würde, im Falle eines Kampfes zur Waffe zu greifen?" Er überlegte kurz. „Wenn es die Situation erfordert, hätte ich da keine Skrupel. Ich denke, meine beim Sport antrainierten Reflexe ließen dann kein Zögern zu."

Die Antwort gefiel den Interviewerinnen. Luca hat seine Reaktion von den Umständen abhängig gemacht. Zu aggressive Typen waren hier fehl am Platze. Er hatte nicht zu überheblich, aber irgendwo auch selbstsicher geklungen.

Sie gingen dann noch mehrere Konstellationen mit ihm durch, um jeweils seine Einschätzung der Situation zu hinterfragen. Auch da bewahrte er bei seinen Antworten einen kühlen Kopf.

Bei der Überprüfung seiner Kenntnisse bezüglich Informatik und Überwachungstechnik hangelte er sich so durch. Dann musste er noch dreißig Minuten einen dieser Logiktests absolvieren. Und sie fühlten ihm noch mit einem psychologischen Fragebogen auf den Zahn, der einige redundante Fragen enthielt. Auch damit hatte er keine Probleme. Eher schon damit, dass sie ihm im Anschluss daran einfach nur signalisierten: „Wir melden uns."

Das bedeutete noch zwei weitere Wochen, in denen er Mühe hatte, abends einzuschlafen. Luca hielt es kaum noch aus. Dann war am Samstag wieder ein Umschlag im Briefkasten. Er kochte sich einen starken Kaffee und legte das Kuvert vor sich auf den Küchentisch. War das sein Ticket zum Traumjob? Er holte sich einen Brieföffner aus dem Sekretär seiner Mutter. Vorsichtig schlitzte er den zugeklebten Rand des Umschlages auf. Er griff hinein und zog einen Arbeitsvertrag heraus. Echter Wahnsinn!!! Er konnte sein Glück kaum glauben. Um nicht enttäuscht zu sein, hatte er sich eingeredet, es würde eine Absage ins Haus flattern. Er lachte laut auf und tanzte ausgelassen um den Küchentisch. Luca hatte es geschafft.

Unglücklicherweise hatte er niemanden, mit dem er diese Freude teilen konnte.

Kapitel 30

Grace hatte ihr Studium der Geowissenschaften an der Harvard-Universität begonnen. Die Materie forderte sie sehr stark. Sie war zwar auf der High School in Physik und Mathematik gut mitgekommen. Aber das hier war eine ganz andere Liga. Das Tempo in diesen beiden Fächern machte ihr zu schaffen. Aber nach einem halben Semester hatte sie ein paar Studienkolleginnen und -kollegen um sich geschart, die gegenseitig voneinander profitierten. Sie bildeten eine Lerngruppe. Hier konnte sie alle Fragen loswerden. Und keiner war genervt, wenn sie um eine nochmalige Erklärung bat. Dafür half Grace bei den biologischen und meteorologischen Grundlagen. Es war ein Geben und Nehmen.
Im zweiten Semester belegte Grace dann als Wahlpflichtfach Umweltphilosophie. Sie beschäftigte sich schon länger mit der Frage, warum die Menschen so träge waren. Grace war gespannt auf die Antworten, die dieser Kurs liefern könnte.
Am Ende des Semesters bekamen sie die Aufgabe, eine reale Situation in ihrem Umfeld spielerisch zu verändern, hin zu weniger Emissionen.
Grace hatte es noch nie an Mut gefehlt, öffentlich für Dinge einzustehen, von denen sie überzeugt war. Sie überredete ihre Studienclique, gemeinsam einen Wettbewerb an der Mensa zu organisieren. Sie wollte erreichen, dass mehr Studierende auch mal vegetarische und vegane Gerichte probierten. Zuerst überzeugte sie den Küchenchef und die Entscheidungsträger des Studentenwerks, ihrer Idee zuzustimmen. Das Semester, das eine Woche lang prozentual am wenigsten Fleisch essen würde, bekäme in der Folgewoche den Nachtisch umsonst. So sah der Wettbewerb aus. Das Studentenwerk fand die Idee gut und zweigte etwas Geld aus dem Weiterbildungsbudget ab.

Der Kantinenchef war skeptisch, ob da überhaupt jemand mitmachen würde. Letzten Endes wollte er aber neuen Trends nicht im Wege stehen.

Gesagt, getan. Im Psychologieunterricht hatten sie ein Stufenmodell kennengelernt, das Schritt für Schritt dabei unterstützen sollte, gute Überzeugungsarbeit zu leisten. Am Anfang stand wohl oder übel die schlechte Nachricht. Ohne die Information, warum sich etwas ändern musste, würde niemand das Ganze begreifen. Grace dachte an Ahillea, die sie auf der Klimakonferenz kennengelernt hatte. Sie rief sie an und fragte, ob sie ein Bild von ihr auf den geplanten Flyern verwenden durfte. Das Gespräch war ein kleiner Schock für Grace. Inzwischen waren fünf Inseln der Salomonen bereits weggespült worden. Eine davon war bewohnt gewesen.

Ahilleas Antwort war klar: „Natürlich darfst du über mich und die Situation in meiner Heimat berichten." Die Flyer mit den Infos und einer Erklärung des Wettbewerbs waren schnell gedruckt und Grace verteilte sie vor der Mensa.

Die Nerds aus ihrer Studiengruppe hatten ein kleines Programm geschrieben, das an allen elektronischen Kassen hochgeladen wurde. Die Kombination der gespeicherten Matrikelnummer auf der aufladbaren Magnetkarte und den zu kassierenden Portionen erlaubte jeden Tag eine semesterbezogene Auswertung der vegetarischen Umsätze.

Und dann passierte genau das, worauf Grace gehofft hatte. Sie bekam am nächsten Tag mit, wie zwei Studierende einen dritten Kommilitonen überredeten, etwas Fleischloses zu bestellen, damit ihr Semester vom zweiten Platz auf den ersten hochrücken könnte. Wenn man gemeinsam in einer Gruppe etwas tat, dann ging tatsächlich alles leichter. Und der Ansporn eines Wettbewerbs half dabei auf spielerische Weise, starre Angewohnheiten zu verlassen.

Grace beste Freundin hatte sich darum gekümmert, dass am Eingang der Mensa jeden Tag die Semester-Ergebnisse mit Kreide auf einer Tafel angeschrieben wurden. Das war auch

Teil des psychologischen Modells, man brauchte eine Art messbare Erfolgskontrolle.

Damit auf die schlechte Nachricht jetzt eine gute Nachricht folgte, verteilte Grace noch einmal neue Flyer. Sie erklärte dort, wie viel Emissionen an den ersten beiden Tagen eingespart worden waren. Zusammen mit der Clique hatte sie das Ergebnis grob überschlagen: Es waren etwa dreißigtausend Kilogramm weniger CO_2 ausgestoßen worden. Das sollte allen ein gutes Gefühl vermitteln weiterzumachen und die schlechte Nachricht zu Beginn des Wettbewerbs in den Hintergrund rücken.

Grace hoffte, dass sich nun auch bisher desinteressierte Studierende mit dem Thema auseinandersetzen. Sie ging durch die Mensa und schaute sich um. Auf vielen Tischen lagen die neuen Flyer von ihr. Und tatsächlich wurde sie auch von ein paar Studierenden angesprochen, die sie sonst eher nicht in der nachhaltigen Ecke verortet hatte. Auch ihre Lerngruppe berichtete von vielen Diskussionen während der Verteilung des zweiten Flyers. Grace hatte hier unter anderem erläutert, dass etwa achtzig Prozent der weltweiten Agrarflächen für die Produktion von tierischen Produkten verwendet wurden. Das lag daran, dass für eine bestimmte Menge Fleisch ein Vielfaches an Futter benötigt wurde. Dass Rinder beim Wiederkäuen gefährliches Methan erzeugten, war inzwischen bekannt. Aber dass auch Schweine- und Geflügelfleisch durch den Sojaanteil und den Düngereinsatz bei der Futtererzeugung Probleme machten, war für viele Studierende neu. Ein weiteres Argument war das planetare Limit der Erde. Wenn alle Menschen so viel Fleisch aßen wie der durchschnittliche Amerikaner, dann könnten nur 2,5 Milliarden auf der Erde satt werden. Wenn alle Vegetarier wären, dann reichte es für zehn Milliarden.

Beim Schlendern in der Mensa wurde Grace von einer Wirtschaftsstudentin aus dem sechsten Semester angesprochen, die sich den Flyer durchgelesen hatte: „Was geht mich der

Rest der Welt an? Die Menschen in den Entwicklungsländern haben sowieso kein Geld, um sich Fleisch zu leisten. Dann brauche ich doch hier nicht auf mein Fleisch zu verzichten."
Grace kannte die Sprüche der Egozentriker, die Solidaritätsargumente einfach wegwischten. Sie versuchte es deshalb mit dem Thema Gesundheit. „In der industriellen Landwirtschaft werden heute flächendeckend Antibiotika eingesetzt, wenn einzelne Tiere krank sind. Und die Bauern kaufen Soja als Futtermittel billig im Ausland ein, dessen Erträge massiv durch Pestizide und Herbizide optimiert worden sind. Das kann beides nicht gesund sein!"
Die Studentin antwortete: „Das scheiden die Tiere doch alles wieder aus. In der Leber sammelt sich vielleicht davon etwas an. Aber die hat mir sowieso noch nie geschmeckt." Grace nahm einen zweiten Anlauf: „Weil die massenhafte Fleischproduktion subventioniert wird, purzeln die Preise und die Leute essen immer mehr Fleisch. Wir reden von der doppelten Menge innerhalb der letzten Jahrzehnte. Viele Institute bestätigen, dass eine Rückkehr zu der halben Menge gesünder wäre. Immer mehr Menschen werden fettleibig und haben mit Herzerkrankungen und Diabetes zu kämpfen."
Die Kommilitonin bekam das völlig in den falschen Hals: „Willst du etwa sagen, dass ich dick bin?"
Es gab immer noch die hoffnungslosen Fälle, bei denen man mit den Fakten einfach nicht durchdrang. Genau wie bei ihrer Mutter. Aber wenn alle anderen mitmachten, würden sich auch diese Krawallmacher letztendlich irgendwann anschließen, um nicht aufzufallen. Das hatte sie in ihrem Kurs gelernt. Es gab ein spannendes Wettrennen zwischen dem zweiten und dem dritten Semester. Zumindest hatte das Format bei vielen Ehrgeiz geweckt. Der Kantinenchef kam jedenfalls ins Schwitzen, täglich das vegetarische Angebot zu erweitern. Diverse Pizzen, Nudel- und Eiergerichte hatten Hochkonjunktur. Manch einer probierte zum ersten Mal in

seinem Leben vegane Buletten oder Tofu, um festzustellen, dass das gar nicht mal so schlecht schmeckte. Am Ende der Woche standen die Gewinner fest: Die Studierenden des dritten Semesters! Graces Freundin malte auf die Tafel am Mensaeingang einen großen Puddingbecher, umringt von einem Lorbeerkranz und daneben einen Pokal mit einer großen Drei darauf.

Nun kam die spannende Phase, in der sich zeigte, ob alle aus dieser spielerischen Situation etwas mit in den Alltag nahmen. Dafür hatte Grace ihre Clique für den letzten Schritt ihres Plans motiviert, sich noch einmal am Montagmittag vorm Eingang der Mensa zu tummeln.

Es wurden die Puddinggutscheine für das dritte Semester verteilt. Nebenbei stellten sie den Studierenden die Frage, ob sie ab jetzt öfters vegetarische und vegane Gerichte wählen würden. Nur wenige Studenten beantworteten die Frage mit ‚Nein'. Das lag sicher daran, dass vielen diese ablehnende Antwort peinlich gewesen wäre; insbesondere vor dem Puddingtriumph des jubelnden dritten Semesters. Aber was passierte, wenn einem ein ‚Ja' herausrutschte, obwohl man noch zögerlich war? Sich öffentlich etwas vorzunehmen, führt häufig dazu, dass man es dann auch tatsächlich umsetzt; auch wenn man zum Zeitpunkt der Aussage noch unsicher ist. Das besagte die Theorie für gelungene Überzeugungsarbeit. Die Studiengruppe von Grace schaffte also mit der Nachfrage etwas Verbindliches.

Grace hatte sich außerdem noch einen Trick überlegt. Sie versuchte, den Kantinenchef zu einer kleinen Änderung zu überreden. Dieser hatte inzwischen richtig Feuer gefangen. Abseits von seinem alltäglichen eher langweiligen Job hatte er Spaß an der Interaktion mit den Studierenden. Er merkte auch, dass etwas in Gang gekommen war. In dieser Folgewoche wurden die Essensstationen für Fleischgerichte und für vegetarische bzw. vegane Gerichte gegenüber der Vorwoche einfach getauscht. Einige unbeirrbare Fleischesser merkten erst direkt an der Ausgabe, dass sie sich eigentlich falsch angestellt hatten. Sie entschieden sich dann aber aus reiner Faulheit manchmal doch für die fleischlose Variante. Die überzeugten Vegetarier oder Veganer, denen das umgekehrt passiert war, konnten dann einfach auf Teile des Menüs verzichten, es sei denn, sie besaßen die Energie, sich noch ein zweites Mal anzustellen. Das hoffte Grace zumindest. Alle sollten einfach registrieren, dass Gewohnheiten wie Fesseln funktionierten. Ihre beste Freundin hatte die Idee, mitten in der Mensa eine Tafel aufzustellen mit dem Spruch: ‚Alles neu macht der Mai!' Im Frühling neigten die Menschen eher dazu, mal gerne etwas zu verändern. In die Buchstaben des Schriftzuges hatte sie lauter Gemüse hineinskizziert. Und damit durfte allen klar sein, wer hinter dieser List steckte …

Das Experiment hatte Spaß gemacht und sie konnten viele Studienkollegen aufschlauen. Die Lerngruppe war enger zusammengewachsen. Und Grace war jetzt an der ganzen Harvard-Universität bekannt wie ein bunter Hund. Last but not least hatte sich der Anteil der vegetarischen und veganen Gerichte inzwischen verdreifacht.

Kapitel 31

Luca hatte hochmotiviert seine Ausbildung beim BND begonnen. Die Trainings, die seinen Körper forderten, waren genau sein Ding. Speziell diesen Teil hatte er sich exakt so vorgestellt. Seine Eliteeinheit bestand aus sieben Männern und drei Frauen. Alle waren sportlich topfit. Und natürlich imponierte Luca den anderen mit seiner Treffsicherheit bei den gemeinsamen Schießübungen.
Auch die Lehrgänge zum Thema Elektronik und Informatik fand er hochinteressant. Da hatte er bisher keine besonders guten Skills gehabt. Wie man Smartphones lokalisierte und knackte, wie man die Elektronik von Gebäuden lahmlegte, das war schon megaspannendes Insiderwissen. Er arbeitete engagiert mit und saugte dieses Wissen in sich auf.
Nur der Alltag neben den Weiterbildungen und Kursen war sehr langweilig und ermüdend. Damit hatte er nicht gerechnet. Er musste jeden Monat eine neue Abteilung durchlaufen. In diesem ganzen Apparat steckte sehr viel Bürokratie. Es ging um Speicherung von unendlichen Datenmengen. Es gab Gerangel um die Überwachungskapazitäten. Bevor jemand letztendlich als Gefährder eingestuft wurde, mussten unzählige Dokumente durchforstet werden.

Am schlimmsten waren die ersten vier Wochen, als er im Archiv Dienst hatte. Er suchte Informationen für Anfragen aus den unterschiedlichen Abteilungen zusammen. Das war nun wirklich kein Traumjob. Auch die Abteilungen, die sich mit der Programmierung und Weiterentwicklung von Datenbanken beschäftigten, fand er ziemlich nervtötend.
Dann kam er endlich in die Überwachungsabteilung. Aber auch hier war die Enttäuschung groß. Luca hatte sich nicht vorstellen können, dass es so öde sein konnte, jemanden zu observieren. Das galt jedenfalls für die Person, die man für ihn sozusagen als Übungsobjekt ausgesucht hatte.

Luca sollte eine Frau überwachen, die im Verdacht linksextremer Tendenzen stand. Sie war vorbestraft. Als Klimaaktivistin beteiligte sie sich an allerhand Aktionen des zivilen Ungehorsams. Unter anderem hatte sie sich am Eingang einer Bank festgekettet, die in Kohlekraftwerke investierte. Und dann war sie bei einer Blockade eines Frachters dabei, der Soja aus Brasilien nach Europa transportierte. Bei der Überwachung ihrer Mails fanden sich nicht wirklich Beweise für härtere Straftaten. Wonach er auch filterte, er stieß einfach nur auf viele Projekte, in denen sie versuchte, mit Politik und Konzernen ins Gespräch zu kommen. Auch ihre Telefonate waren immer harmlos. Mit freundlicher und lachender Stimme pflegte sie ihre Freundschaften. Er bemühte sich, sie auf keinen Fall nett zu finden. Schließlich galt es, Distanz zu wahren.

Um versteckte Aktivitäten aufzudecken, sollte Luca sie zusammen mit einem älteren Kollegen observieren. Sie saßen stundenlang in einem alten Ford vor ihrer Haustür herum. Luca kaute an einem Burger wie in diesen klassischen Kriminalserien. Dort passierte dann aber immer sofort irgendetwas Unvorhergesehenes.

Bei Lucas Observierung tat sich eine ganze Ewigkeit lang gar nichts. Nach ein paar Wochen kannten sie alle Einkaufsgewohnheiten der jungen Frau sowie ihren Treffpunkt mit Gleichgesinnten. Sein Kollege zeigte ihm, wie man ihr unauffällig folgte, ohne die Spur zu verlieren.

Lucas erster Einsatz verlief völlig unspektakulär. Er versuchte sich im Supermarkt in irgendwelche Kaffeesorten zu vertiefen, während sie ihren Einkaufswagen voll Gemüse und Cerealien vorbeischob. Luca musste sich zwar erst mal an diese Heimlichkeit gewöhnen. Aber schließlich jagten sie ja potenzielle Schwerverbrecher. Oder etwa nicht?

Nachdem die Verdächtige zum zweiten Mal am selben Treffpunkt gewesen war, diskutierte er mit seinem Kollegen die weiteren Möglichkeiten.

Für einen Durchsuchungsbefehl reichte es hinten und vorne nicht. In ihre Privatwohnung ohne offizielles Papier einzusteigen, würde eventuell auffallen. Aber sich einfach mal in diesem Aktivisten-Büro umzuschauen, das war leicht. Sein Kollege instruierte ihn entsprechend. Im Internet gab es Uhrzeiten, zu denen sich unterschiedliche Themengruppen trafen. Luca entschied sich für das Thema Mobilität. Dort war die Verdächtige nicht ganz so aktiv. Sie mussten sich ja nun nicht gerade im Büro über den Weg laufen.

Diese Gruppe tagte immer mittwochs um achtzehn Uhr. Luca hatte vor, einfach am Plenum teilzunehmen und sich hinterher im Büro irgendwo zu verstecken. Er kam pünktlich an und wurde freundlich begrüßt. Fünfzehn Teilnehmer saßen im Plenumsraum um eine Tischgruppe.
Auf der Tagesordnung stand eine Aktion für verbesserte Radwege in der Stadt. Es gab in Berlin immer noch Hauptstraßen ohne eine separate Spur für Fahrradfahrer. Die Unfallstatistiken zeigten, wie gefährlich das war. Die Teilnehmer des Plenums wollten einfach eine Parkplatzspur zum Radweg umwidmen, um eine Lösung aufzuzeigen. Es gab eine große Diskussion darüber, ob sie bewusst Autofahrer provozieren wollten, die keine Abstellmöglichkeit für ihr Auto fanden. In Deutschland wurde von vielen das Recht auf einen Parkplatz immer noch höher eingestuft als die Sicherheit von Radfahrern.
Luca hörte neugierig zu. Er war auch schon einmal auf einer belebten Hauptverkehrsstraße fast von einem Lastkraftwagen gestreift worden.
Ein junger Mann mit einem Pferdeschwanz hatte die Aktionsidee vorgeschlagen. Jetzt ergriff er erneut das Wort und kritisierte die bisher ungerechte Verteilung der Flächen. „Die Autofahrer haben hier in Berlin doppelt so viel Platz wie die Fahrradfahrer, die Fußgänger und die öffentlichen Verkehrsmittel zusammen. Umgekehrt legen sie aber nur die Hälfte

der Strecken zurück. Wenn wir das mit der Aktion adressieren, gefällt das den Autofahrern sicher nicht. Aber so ist das nun einmal bei Verteilungsproblemen."
Ein junges Mädchen mit roten Haaren, das sich für Politikwissenschaft eingeschrieben hatte, versuchte, die anderen mit weiteren Erklärungen zu überzeugen: „Diejenigen, die von der jetzigen Regelung übervorteilt werden, sehen nicht ein, wieder etwas abzugeben. Sie gehören eher zur reicheren Hälfte der Bevölkerung und drohen zum Beispiel damit, ihre Spenden an die Politik zurückzufahren!"
Ein junger Mann mit Nickelbrille und markant geschnittenem Gesicht hatte ihr aufmerksam zugehört und rief nun wütend aus: „Oder sie nutzen ihre Kontakte zu den Medien, um ein Fass aufzumachen! Deshalb scheut die Politik solche Verteilungsdiskussionen und lässt alles so, wie es ist. Einfach nur, um dem Streit aus dem Wege zu gehen."
Jemand anders rief dazwischen: „Leute, nervt euch auch, wie statisch alles oft in der Politik ist? Es bewegt sich einfach zu wenig!" Die Rothaarige pflichtete diesem Kommentar bei: „Ob ein heißes Eisen angepackt wird, hat nicht unbedingt etwas mit der Dringlichkeit des Problems zu tun. Oft ist die zentrale Frage: Gibt es eine Lösung, die allen angenehm ist? Hahaha, das ist natürlich nur selten der Fall!" Sie hob ihre Stimme: „Wir müssen also provozieren, damit sich etwas verändert!"
Die Diskussion ging noch eine Weile so weiter, dann wurde abgestimmt. Die Mehrheit der Gruppe unterstützte die Aktionsidee.

Luca versuchte, nicht aufzufallen. Seine Vorstellung zu Beginn hatte er so kurz und anonym wie möglich gehalten. Alle übernahmen irgendwelche Aufgaben, es fiel schon schwer, sich völlig rauszuhalten. Das Plenum war straff organisiert. Es gab eine klare Agenda. Eine der jungen Frauen hatte die

Moderation übernommen. Ein älterer Mann protokollierte alles. Und nach neunzig Minuten stand die Aktion.

Alle verabschiedeten sich herzlich. Einige standen noch kurz im Plenumsraum zusammen, um flüsternd über eine krassere Aktion der letzten Woche zu diskutieren.

Als Luca näherkam, schlug die Moderatorin vor, diese Details doch besser hinterher noch mal bei einem Bier zu erörtern. Luca sah zu, dass er sich allein in Richtung Ausgang begab. Er fand vorn in der Nähe der Toiletten noch einen Nebenraum. Dort versuchte er sich unbeobachtet hinter einer Installation zu verstecken, die sie dort als Dekoration hatten stehen lassen. Ein riesiger Pfeil, der sich in die Erde bohrte. Oben hatten sie einen Schriftzug angebracht: „*Wäre hier Kohle, RWE würde hier roden.*"

Luca hatte mal gehört, dass ein peruanischer Bauer gegen genau diesen Kohlekonzern geklagt hatte. Sein Haus war durch das Überlaufen eines Stausees bedroht, weil die Gletscher zunehmend schmolzen. Er wollte ein Prozent seines Hauses ersetzt bekommen, weil RWE für etwa ein Prozent des weltweiten CO_2 verantwortlich war. Es sollte eine Art Präzedenzfall werden. Immer mehr Menschen versuchten, die Gerichte zu bemühen. In mehreren Staaten konnten sie bereits Erfolge verzeichnen. Die Klage dieses peruanischen Bauern war zumindest inzwischen zugelassen worden.

Luca versteckte sich hinter der Pfeil-Darstellung. Der Aufbau deckte so gerade seinen schlanken Körper ab. Hoffentlich sah man ihn nicht dahinter. Als zehn Minuten später jemand noch mal alle Räume kontrollierte, hielt Luca die Luft an. Das fiel ihm dank seiner Biathlonerfahrung leicht. Als alle Lichter aus waren und Luca das Geräusch des Türschlosses vernahm, atmete er dann im wahrsten Sinne des Wortes auf. Er wartete noch einmal sicherheitshalber fünf Minuten ab. Alles blieb ruhig.

Luca zog im Halbdunkel eine Taschenlampe aus der Hosentasche. Er stellte sie auf die kleinste Stufe und versuchte, damit nur unterhalb der Fensterbrüstung zu operieren. Im vorderen Büroraum fand er bis auf ein paar Broschüren keine Unterlagen. Er versuchte, den Rechner hochzufahren. Seine Kenntnisse aus dem Lehrgang halfen ihm dabei, binnen drei Minuten mit einem USB-Stick das Passwort zu knacken. Luca probierte, die Mails nach der Bank- und Frachter-Aktion zu filtern. Wenn die verdächtige Person in die Planungen verstrickt war, dann hatten sie vielleicht etwas gegen sie in der Hand. Er vertiefte sich immer mehr in seine Suchbefehle als er plötzlich ein Geräusch an der Tür hörte. Derjenige, der das Protokoll geschrieben hatte, war noch einmal zurückgekommen. Er hatte wohl etwas vergessen. Verdammt! Sich wieder zu verstecken, war in der Kürze der Zeit nicht möglich. Luca blieb am Rechner sitzen und versuchte es zunächst mit einer Ausrede: „Mein Gerät zu Hause ist defekt und ich muss unbedingt meine Hausarbeit abgeben."

Der ältere Aktivist nahm ihm das nicht ab: „Das kannst du dem Weihnachtsmann erzählen! Ich rufe jetzt die Polizei!" Er nahm den Telefonhörer in die Hand und begann, die 110 zu wählen. Luca wusste sich nicht anders zu helfen, als reflexartig den älteren Mann seitwärts Richtung Schrank zu stoßen und dann zur Tür zu rennen. Er hörte hinter sich ein dumpfes Geräusch und mehrere unflätige Flüche. Zeit, sich umzuschauen, nahm er sich nicht. Warum musste denn ausgerechnet bei seinem ersten größeren Auftrag gleich alles aus dem Ruder laufen? Er hastete das Treppenhaus hinunter und sah zu, dass er auf der anderen Straßenseite unbemerkt durch den Park entkam.

Lucas Ausbilder war ziemlich enttäuscht über das Ergebnis seiner ersten eigenständigen Ermittlung. „Wenn du nicht für immer im Archiv landen willst, dann darf dir so etwas nicht noch mal passieren!" Das war eine klare Ansage.

Sie beschatteten die Aktivistin noch weitere drei Wochen ohne konkrete Ergebnisse. Dann wurde der Fall zu den

Akten gelegt. Luca war klar, dass er beim BND erst einmal ganz unten anfangen musste. Sich langsam hochzuarbeiten, war sicher mühsam. Die wirklich spannenden Fälle würden noch eine Weile auf ihn warten müssen. Aber er nahm sich vor, nicht die Geduld zu verlieren.

Kapitel 32

Linh Nguyen war in der Küstenstadt Haiphong aufgewachsen. Ihre Eltern besaßen dort in der Nähe des Hafens einen Fischhandel. Linhs Vater hatte einen kleinen Kutter von ihrem Großvater geerbt. Der Fang, den er von seinen Touren mitbrachte, war allerdings rückläufig. Langfristig hatte Fischerei in diesem kleinen Maßstab keine Zukunft mehr, weil die Meere immer mehr von den großen Trawlern überfischt wurden und der Klimawandel die Laichgründe der Meeresbewohner zerstörte.

Linhs Mutter kümmerte sich um das Fischgeschäft und die Buchhaltung. Tagsüber mussten die Kinder allein zuhause klarkommen. Zu Linhs Familie gehörten noch ihre drei Jahre ältere Schwester Thao. Ihr Bruder Giang war fünf Jahre älter als sie. Wegen ihm gab es ständig Streit in der Familie. Ihr Vater hätte sich gewünscht, dass er auf dem Fischkutter mitanpackte, immer, wenn es viel zu tun gab. Giang lag die Arbeit aber nicht. Die zappelnden Meeresbewohner aus dem Netz herauszuklauben, war ihm zuwider. Wenn sie dann noch hilflos nach Luft schnappten, hätte er sie am liebsten wieder ins Meer geworfen.

Giang traf sich lieber mit seinen Freunden am Kai und ließ den Nachmittag verrinnen. Im Gegensatz zu seinen beiden jüngeren Schwestern investierte er kaum Zeit in seine Hausaufgaben. Seine Mutter versuchte ständig, ihm beizubringen, wie wichtig ein guter Schulabschluss wäre, um später im Leben zurechtzukommen. Aber je mehr sie auf ihn einredete, desto weniger hörte er zu.

Linhs Schulleistungen konnten sich dagegen sehen lassen. Im achten Schuljahr war sie Klassenbeste geworden. Sie wollte gern studieren, aber das hatten ihre Eltern ihr immer versucht auszureden.

Als dann herauskam, dass ihr Bruder die Abschlussklasse wiederholen musste, hing der ganze Haussegen schief. Ihr Verhältnis zu ihrem Bruder war wegen des Altersunterschiedes sowieso nicht sehr eng gewesen. Jetzt riss es noch mehr ab, weil er sie aus Frust auch noch als Streberin brandmarkte. Giang kam abends immer später heim. Eines Nachts roch er sehr stark nach Alkohol. Linhs Vater rastete aus. Aber das half nicht. Manchmal wirkte ihr Bruder jetzt einfach nur benommen, wenn er vom Hafen kam, obwohl er keine Alkoholfahne hatte. Als dann noch Geld in der Kasse des Fischgeschäfts fehlte, waren ihre Eltern völlig verzweifelt. Sie hatten den Verdacht, dass ihr Sohn damit Drogen finanzierte. Aber sie wollten ihm auch nichts einfach so unterstellen. Linhs Vater befragte ein paar befreundete Fischer. Die hatten ihren Bruder am Kai gesehen, wie er mit Tabletten dealte.

Es gab eine große Aussprache. Linhs Bruder gab alles zu. Ihre Eltern verlangten, dass er damit aufhören sollte. Das war die Bedingung, um hier noch weiter wohnen zu können. Linh und Thao saßen auf der Treppe, um das Gespräch zu verfolgen. Ihre Mutter weinte bitterlich. Giang machte aber keine Anstalten, auf die Bedingung einzugehen. Er packte seine sieben Sachen, um zu einer Freundin zu ziehen.

Linh hatte nicht wirklich begriffen, was da los war. Unter dem Begriff ‚Drogen‘ konnte sie sich nichts vorstellen. Linhs große Schwester musste ihr das erst einmal erklären. Ihre Eltern versuchten, die Enttäuschung abzuschütteln und gingen wieder zur Tagesordnung über.

Zwei Jahre später hörte Linhs Vater auf der Straße, dass Giang von der Polizei aufgegriffen worden war. Er bekam fünf Jahre wegen Drogenhandels. Linhs Mutter versuchte, ihn regelmäßig im Gefängnis zu besuchen und weinte viel in dieser Zeit.

Direkt nach dem Gerichtsurteil nahm Linhs Vater sie zur Seite. Er erklärte ihr, dass das Geld, das ihre Eltern für die Ausbildung ihres Bruders gespart hatten, jetzt in ihr Studium fließen würde.

Linh war zu diesem Zeitpunkt bereits sehr aktiv in der Klimabewegung, die nach den weltweiten Schulstreiks auch ihr Land erfasst hatte. Sie erklärte ihrem Vater, in der Klimaforschung arbeiten zu wollen, damit sie etwas für den Erhalt der Fischbestände tun könne. Ihr Vater fragte, ob man damit auch in der Lage sei, Geld zu verdienen? Linh behauptete, dass dort auf internationaler Ebene bestimmt vernünftig bezahlt würde. Ihr Vater stand zwar der ganzen Globalisierung skeptisch gegenüber, aber was blieb ihm anderes übrig, als klein beizugeben? Bei ihrem Bruder hatten er und seine Frau mit zu vielen Vorschriften nichts erreicht.

Linh bewarb sich im Jahr 2016 mit einem exzellenten Schulabschluss für den Studiengang der Geophysik in Hanoi und wurde angenommen. Ihren Bruder sah sie niemals wieder.

Kapitel 33

Grace studierte inzwischen im vierten Semester an der Harvard Universität. Sie war einundzwanzig Jahre alt. Zwischen ihr und einem jungen Mann aus einem höheren Semester schien sich langsam eine Romanze anzubahnen. Grace bemerkte, wie er immer zu ihr herüberschaute, wenn sie sich auf dem Campus über den Weg liefen. Sie lächelte ihm dann zu, weil sie ihn interessant fand. Er kam immer mit dem Rennrad zur Uni, war sehr groß und schlaksig und Mitglied des Basketballkaders.

Graces bester Freundin war das aufgefallen und sie schlug vor, am Samstag gemeinsam das Spitzenspiel gegen die Universitätsmannschaft aus Los Angeles zu besuchen. Die Mannschaftsaufstellung wurde laut vorgelesen. Jack Benning hieß er also. Als das Spiel angepfiffen wurde, kochte die Stimmung in der Halle über. Es sah von Anfang an nach einem Kopf-an-Kopf-Rennen aus. Grace musste sich erst einmal die Regeln von ihrer Freundin erklären lassen. Bisher hatte sie sich nie für Ballsportarten interessiert. Sie war überrascht, wie sehr man bei diesem Spiel mitfiebern konnte. Die Harvard-Mannschaft lag die ganze Zeit mit wenigen Punkten in Führung. Zwei Minuten vor Schluss hatte die gegnerische Mannschaft den Ausgleich erzielt. Dann wurde Jack plötzlich gefoult, als er auf den Korb des Gegners zulief. Die Halle tobte. Ein Sanitäter behandelt kurz sein Knie. Anschließend verwandelte er die beiden Freiwürfe, die er wegen des Fouls bekommen hatte. Damit konnte er seiner Mannschaft den Sieg schenken.

Grace betrat nach dem Spiel zusammen mit ihrer Freundin das Spielfeld, wo sich das ganze Harvard-Team feiern ließ. Jack bemerkte sie sofort, löste sich von seinen Spielkollegen und gesellte sich zu den beiden. Sie machten sich miteinander bekannt und Grace gratulierte zum Sieg.

Als ein kleiner Junge ein Autogramm haben wollte, war er kurz abgelenkt. Aber sonst hatte er nur noch Augen für Grace. Er lud sie und ihre Freundin zum Siegesumtrunk spätnachmittags in die Aula ein.

Grace genoss die Ausgelassenheit, mit der das knappe Ergebnis bis in den Abend hinein gefeiert wurde. Sie hatte sich zum ersten Mal in ihrem Leben richtig verliebt. Es gab ein paar Ansprachen und immer wieder zwischendurch Sprechchöre. Dann wurde das Buffet eröffnet und jemand legte Musik auf. Grace blinzelte die ganze Zeit zu Jack hinüber. Als die Tanzfläche sich langsam füllte, kam er zu ihr und forderte sie auf. Beide tanzten ein wenig unbeholfen, jeder für sich. Bei einem von Graces Lieblingssongs lagen sie sich dann plötzlich in den Armen. Sie verließen gemeinsam die Tanzfläche und besorgten sich noch ein Glas Sekt an der improvisierten Bar. Anschließend zogen sie sich auf einen der Universitätsflure zurück, um zu reden.

Jack hatte ein Sportstipendium ergattert. Er kam aus einer einfachen Familie. Sein Traum war, eines Tages in der NBA zu spielen. Grace imponierte sein Ehrgeiz. Sie sah ihre Zukunft noch nicht so klar vor sich. Grace erzählte von ihrer Familie und ihrem spannenden Studienfach.

Plötzlich kam ihre Freundin um die Ecke. Sie hatte beide schon überall gesucht. So allein langweilte sie sich auf der Feier und wollte nach Hause. Grace verabschiedete sich von Jack. Sie schwärmte den ganzen Nachhauseweg von ihm. Beide hatten sich am nächsten Abend zu einem kleinen Imbiss im Restaurant direkt gegenüber vom Campus verabredet.

Grace und Jack sahen sich inzwischen beinahe täglich. Allerdings hatte Jack wegen seiner Trainingsverpflichtungen nie lange Zeit. Sie trafen sich mit seinen Freunden, gingen ins Kino, oder genossen einfach nur den Frühsommer.

Grace stellte Jack ihren Eltern vor. Ihre Mutter meinte, es würde ja auch langsam Zeit, dass jemand ihrer Tochter die Flausen austrieb. Jack musste lachen. Grace lief rot an, als ihre Mutter das sagte. Musste sie sich wieder einmischen? Vor ihrer Haustür küssten sie sich dann zum ersten Mal.
Grace war immer noch sehr verknallt, aber sie spürte auch, dass Jack sich für ihr ‚Herzensthema' nicht im Mindesten interessierte. Er winkte immer ab, wenn sie ihm eine klimaschonendere Alternative vorschlug. Sie ahnte langsam, welche Komplikationen entstehen würden, wenn man mit jemandem zusammenlebte, der in so einer grundlegenden Sache ganz anders dachte. Schließlich betraf der Klimawandel so viele Lebensbereiche. Grace versuchte, das erst einmal beiseitezulegen und dachte, das würde sich mit der Zeit schon fügen. Sie waren sich gerade letzte Woche körperlich ein wenig nähergekommen. Grace genoss diese ersten prickelnden Erfahrungen.
Drei Wochen später bekam Jack dann allerdings das Angebot, eine Probesaison lang mit den *Los Angeles Lakers* zu trainieren. Er hatte eigentlich nicht wirklich so schnell damit gerechnet, eine Chance in der ersten Liga zu bekommen. Das bedeutete, dass er von der Ost- an die Westküste ziehen würde.
Als er Grace davon erzählte, schaute er sie niedergeschlagen an. Ihr Gesichtsausdruck sagte alles. Jack traute sich nicht nachzuhaken, ob sie mitkommen würde. Und Grace war froh, dass er sich die Frage verkniff. Ihre Beziehung war noch zu frisch für so einen Schritt. Jack ließ Grace mit ihrem ersten Liebeskummer zurück, der nur langsam verheilte. Sie versuchte, sich in ihr Studium zu stürzen, um sich ein wenig abzulenken. Die Angewohnheit, viel Zeit in ihre Wissenschaft zu investieren, blieb erhalten. Daran sollten weitere Partnerschaften allerdings später zerbrechen.

Kapitel 34

Grace hatte nach dem Erfolg in der Mensa auch in ihrem Elternhaus versucht, klimafreundlicher zu werden. Beim Thema Essen, Lüftungs- und Heizgewohnheiten war sie dabei immer wieder an ihrer Mutter gescheitert. Musste sie wirklich die Heizung anlassen, wenn sie die Fenster öffnete? Warum beheizten sie Räume auf vollem Temperaturniveau, in denen sich so gut wie nie jemand aufhielt?
Es war sehr schwer, ihrer Mutter diese Dinge näherzubringen. Manchmal dachte sie, dass sie gegen eine Wand redete.
Diesmal wollte es Grace mit einem ganz einfachen Thema bei ihrem Vater versuchen. Wenn das gelang, konnte sie vielleicht auch ihre Mutter für andere Dinge gewinnen? Aber erst mal einen Schritt nach dem anderen.
Sie hatte sich über diverse Stromanbieter informiert.
Grace versuchte, einen Moment abzupassen, in dem ihr Vater ein offenes Ohr hatte. Am Sonntag ging er manchmal zum Handwerkeln in den Keller. Denn irgendetwas musste immer gerichtet oder instandgesetzt werden! Früher war sie ihm dabei oft zur Hand gegangen. Als er ein paar Bretter für einen Blumenkübel zuschneiden wollte, bot sie an, ihm zu helfen. Grace riss die richtige Länge an und er bearbeitete das Holz mit der Stichsäge. Sie ergänzten sich wortlos, so wie all die Jahre zuvor.
Nach ein paar Minuten fing Grace an, Fragen zum aktuellen Stromvertrag zu stellen.
„Wieso willst du das wissen?", entgegnete ihr Vater überrascht.
„Wir könnten doch auf einen Ökostromvertrag umstellen."
„Ja, das hat dieser merkwürdige Vertreter neulich auch angeboten", erinnerte sich ihr Vater.

Grace versuchte es weiter: „Damit könnten wir auf einen Schlag fast zehn Prozent unseres CO_2-Fußabdrucks reduzieren."

Ihr Vater runzelte die Stirn. Er hatte noch nie das Wort ‚Fußabdruck' in diesem Zusammenhang gehört, verstand aber, was gemeint war. Jetzt versuchte er, Grace ins Leere laufen zu lassen. „Mir ist das mit dem Wechsel des Tarifs einfach zu umständlich."

Grace gab nicht auf, auch wenn es jetzt kompliziert wurde. „Nur den Tarif wechseln reicht leider nicht. Unser aktueller Anbieter hat noch sehr viel Kohle im Konzern-Portfolio. Wenn du dort den Tarif wechselst, dann etikettiert er nur um. Du kriegst dann zwar reinen Ökostrom, aber jemand anders eben den ganzen Kohlestrom. Sinn macht das Ganze nur, wenn du zu einem anderen Anbieter wechselst, der nur Ökostrom im Programm hat! Der baut dann bei jedem neuen Kunden beispielsweise weitere Windkraftanlagen oder Photovoltaik zu. Nur so verändert sich etwas."

Ihr Vater verhielt sich weiter störrisch: „Auch noch den Anbieter wechseln? Das ist mir zu viel Aufwand!"

Grace insistierte: „Aber das geht doch telefonisch und dauert nur zehn Minuten. Die melden dich sogar bei deinem alten Anbieter ab."

Ihr Vater suchte nach weiteren Gründen: „Das kostet bestimmt mehr."

Jetzt stand sie auf dem Schlauch: „Ja, aber die Preise für die erneuerbaren Energien sind in den letzten Jahren immer weiter gefallen. Die Prognosen sagen, in Kürze wird Solarstrom günstiger als Kohlestrom sein."

Auch das war ihrem Vater egal. Er hatte die Stichsäge abgestellt und baute sich vor Grace auf. Man merkte, dass ihm dieses Thema lästig war. Seine Stimme war jetzt laut und deutlich. „Es zählt, was es *jetzt* kostet. Wenn ich nicht darauf achten würde, uns billig zu versorgen, meinst du, ich hätte deiner Mutter und euch das alles hier bieten können? Wir stellen keinesfalls auf einen teureren Tarif um! Und damit basta!"

Grace wusste, dass sie sich das locker leisten konnten. Aber sie wusste auch, dass weiteres Reden nur einen Wutausbruch seitens ihres Vaters zur Folge haben würde. Tief enttäuscht zog sie sich zurück. Ihre Familie schien ein hoffnungsloser Fall zu sein, was nachhaltiges Leben betraf. Sie versuchte ja nicht zum ersten Mal, Dinge zu verändern. Die letzte Diskussion mit ihrem Vater drehte sich um die Installation von Solarthermie auf dem Dach. Da verstand sie ja noch seine Vorbehalte wegen der Kosten. Damals hätte er mehrere tausend Dollar investieren müssen. Jetzt ging es aber nur um ein paar Dollar im Monat. Das wollte nicht in ihren Kopf. Es brauchte einfach ein paar Vorreiter, damit umweltfreundlichere Technologien mehr in die Breite gingen und sich verbilligten. Oder aber ein angemessener CO_2-Preis wäre ein Weg, damit sich der Wettbewerb in Richtung der zukunftsfähigen Lösungen drehte.

Grace ging eine Frage einfach nicht mehr aus dem Kopf, die sie ihrem Vater gern gestellt hätte: „Wie wollen wir den Klimawandel verhindern, wenn noch nicht mal Leute wie DU mit deinem vielen Geld mitmachen???" Aber das sähe ja so aus, als hätte sie bereits aufgegeben …

Teil V

Juli 2036

Kapitel 35

Linh Nguyen traf pünktlich zu der Sondersitzung ein, bei der neben ihrem Chef auch jemand vom vietnamesischen Außenministerium anwesend sein sollte. Sie betrat das Besprechungszimmer. Verglichen mit dem Konferenzcenter in Genf fiel hier alles sehr spartanisch aus. Abgenutztes und verschlissenes Mobiliar war hier Standard. Die Wände hatten leichte Risse und der lindgrüne Anstrich bröckelte bereits.
Die Begrüßung geriet sehr förmlich. Der Ministerialdirigent gab ihr noch nicht einmal die Hand. Sein Name war Nien Duong. Er trug einen Anzug mit asiatischem Schnitt, der sich bis oben zum Hals zuknöpfen ließ. Das erinnerte Linh ein wenig an eine Uniform, allerdings ohne Abzeichen und Schulterklappen.
Ihr Chef nickte ihr kurz zu. Linh setzte sich auf einen wackligen Stuhl und wartete, bis man ihr Fragen stellte. Die Hauptsache für ihren Institutsleiter war, dass es keinen Ärger mit den Behörden gab. So lautete kurz nach ihrer Landung in Hanoi seine Ansage. Für den Fall fehlender Kooperation mit dem Ministerium hatte er bereits Konsequenzen angedeutet.

In der ersten Viertelstunde löcherte der Ministerialdirigent Linh, um einen Überblick über den Hintergrund der amerikanischen Mission zu bekommen. Sie gab das Gespräch mit Urs Alder wieder und erklärte das Trockenheitsphänomen in Vietnam und Südchina. Er wollte auch alles über die amerikanische Forschung wissen. Linh konnte schwer einschätzen, wie sehr Grace in dieser Angelegenheit involviert war. Deshalb geriet ihre Information an dieser Stelle eher lückenhaft. Dann wendete Nien Duong seinen Blickwinkel von der Vergangenheit in Richtung Zukunft. Er wollte wissen, wie eine Reaktion auf den amerikanischen Eingriff aussehen könnte. Anscheinend hatte er sich schon ziemlich genau informiert, woran Linh forschte. Auch kannte er die Möglichkeit des Counter-Geo-Engineerings. Sicherlich hatte man im Außenministerium die Gefahr solcher Methoden auf dem Schirm. Nien Duong drängte: „Können wir mit der Marinen Wolkenaufhellung diese Extremwetterrisiken abwenden?" Da die Auswirkungen im Australasiatischen Mittelmeer wohl am verheerendsten sein würden, wurde die Diskussion gefährlich präzise. Linh war sich bewusst, welche Konsequenzen ihre Antworten haben konnten und schluckte erst einmal schwer. Sie versuchte zuerst zu mauern. Aber Linhs Chef begann die Augen zu verdrehen und im Hintergrund mit den Händen zu fuchteln. Dann mischte er sich das erste Mal ein: „Wenn unser Erzfeind, die USA, uns so dermaßen bedroht, dann ist es unsere patriotische Pflicht. etwas dagegen zu unternehmen."

Linh saß in der Zwickmühle. Ihre Universität war eine staatliche Hochschule. Sie wollte ihren Arbeitsplatz nicht verlieren. Schweren Herzens begann sie schrittweise zu erklären, welche Möglichkeiten die Marine Wolkenaufhellung eröffneten. Sie bestätigte, dass man damit durchaus die Wirkung der Aerosole in der Stratosphäre korrigieren konnte. Dann warf sie ein, dass die vietnamesische Flotte nicht über die technischen Voraussetzungen verfügte – so viel hatte sie bereits früher einmal recherchiert.

Der Ministerialdirigent reagierte gar nicht darauf. „Wir möchten Sie aber trotzdem rein präventiv bitten durchzukalkulieren, mit welchen Substanzen und Mengen wir diese extreme Trockenheit in unserer Region verhindern können. Und diese Bitte möchte ich ungern zweimal äußern müssen. Ich brauche diese Daten unbedingt bis morgen."

Linh war klar, was das hieß. Nien Duong stand auf. Sie vermied es, ihm in die Augen zu sehen, als er ihr zum Abschied doch noch die Hand entgegenstreckte.

Nien Duong war ein sehr pflichtbewusster Mensch. Er hatte nichts Böses im Sinn. Er wollte nur den Auftrag, den er von seinem Stabschef bekommen hatte, hundertprozentig korrekt ausführen. Sein Gehorsam und seine Beflissenheit hatten ihm den Aufstieg im Außenministerium ermöglicht. Er war das Sinnbild eines unbestechlichen Beamten. Ihm eilte der Ruf voraus, dass man sich immer auf ihn verlassen konnte. Da er nicht verheiratet war, witzelten seine Kollegen, er wäre stattdessen mit der Behörde liiert.

Nien Duong hatte in der Ho-Chi-Minh-Stadt Internationale Verwaltung studiert. Da die Textilfabrik, in der seine Eltern als Aufseher arbeiteten, einem Ausländer gehörte, hatte er sich bezüglich seiner Studienwahl auf das internationale Parkett getraut. Im Zeitalter der Globalisierung waren alle weltweit miteinander verbunden. Auch Vietnam sollte davon profitieren. Er wollte sein Land nach vorne bringen.

Nien Duong hatte sich während seines Studiums unsterblich in eine Kommilitonin verliebt. Sie hieß Duyen. Seine vorsichtigen Annäherungen ignorierte sie. Die mehrfachen Versuche, sich mit ihr zum Essen zu verabreden, endeten in Duyens Bemerkung, er sei ihr zu langweilig.

Das verletzte ihn sehr. Er sinnierte viel darüber nach, ob seine Angebetete mit einem aufregenderen Mann wirklich glücklicher werden konnte als mit ihm. Wahrscheinlich würde ein Abenteurer Duyen einfach nur das Leben schwermachen. Duong hätte sie auf Händen getragen. Aber wieso weiter darüber nachgrübeln? Das Thema hatte sich erledigt. Jedenfalls sprach er nie wieder eine Frau an, um sich mit ihr zu verabreden. Er versuchte, im Beruf erfolgreich zu sein, vielleicht würde Duyen das ja eines Tages imponieren.

Kapitel 36

Nien Duong war wieder in seinem Büro angekommen. Auf seinem Schreibtisch stapelten sich die Akten. In einer eilig einberufenen Konferenz mit dem Krisenstab wurde er vom Stabschef des vietnamesischen Regierungspräsidenten beauftragt, eine regionale Allianz zu bilden. Es gab grünes Licht von ganz oben. Nicht zuletzt, weil er fließend Chinesisch sprach, war die Wahl auf ihn gefallen. Er sollte die Fäden weiter in der Hand behalten.

Also bat Nien Duong telefonisch an höchster Stelle im chinesischen Außenministerium um einen verschlüsselten Video-Call bezüglich der Stratosphären-Mission.

Innerhalb von einer Stunde war der Termin arrangiert. In China war man allem Anschein nach auch sehr beunruhigt über den Alleingang der Amerikaner. Sie hatten die sicherheitspolitische Komponente klar erkannt. Das ganze Thema drohte, in Bezug auf die sowieso schon schwierige Beziehung zwischen Amerika und China, das Fass zum Überlaufen zu bringen.

Auf dem Bildschirm waren der chinesische Außenminister, General Cheng Zhang von der Volksbefreiungsarmee und ein chinesischer Wissenschaftler zugeschaltet.

Nachdem Nien Duong die Sachlage kurz vorgestellt hatte, meldete sich zunächst niemand zu Wort. Dann fragte der chinesische Wissenschaftler nach: „Habe ich das richtig verstanden: Von dieser extremen Trockenheit wäre nicht ganz China betroffen?"

„Ja, nur der Süden Ihres Landes." Ministerialdirigent Duong erläuterte, dass man bald über mögliche Parameter für ein Counter-Geo-Engineering verfügen würde.

Wieder ein kurzes Schweigen. Niemand fragte nach, wie er das gemeint hatte. Allen war klar, worum es ging.

Die Klimakorrektur der Amerikaner musste von einer asiatischen Allianz revidiert werden. Um Missverständnissen vorzubeugen, bat der Wissenschaftler um die Zusendung der Temperatur- und Feuchtigkeitsgrafiken.

Nien Duong sicherte dies zu und benannte dann das Problem, das es noch gab: „Leider hapert es im Moment noch an der notwendigen Flotte."

Der chinesische Außenminister zögerte nicht lange und ergriff das Wort: „Ich kann mir vorstellen, dass wir diese Aktion unterstützen. Wir müssen aber vorsichtig sein. Seit Beginn der Handelskriege haben sich die diplomatischen Beziehungen mit den USA kontinuierlich verschlechtert. Aktuell liegen sie komplett auf Eis. Wenn die USA unsere Flotte ausmacht, dann wird vielleicht der Weltfrieden aus den Fugen geraten. Wir versuchen im Moment parallel, auf UN-Ebene internationale Verhandlungen zu dem Thema zu erwirken. Aber das kann dauern."

Er spielte zumindest mit offenen Karten.

Ministerialdirigent Duong überlegte, ob er das eins zu eins so weitergeben sollte. Schließlich war ihre Erzfeindschaft mit den USA seit dem Vietnamkrieg historisch noch gefährlicher einzuschätzen als die Beziehung zwischen China und den Vereinigten Staaten. Und was den Weltfrieden anging: Wer hatte denn begonnen, am Klima herumzuexperimentieren? Es war ja keine asiatische Provokation, sondern nur eine Reaktion auf die der USA. Erst einmal wollte er ausreizen, was an einer gemeinsamen Vorgehensweise möglich war.

„Wie sähe denn Ihre Unterstützung aus?"

General Zhang erläuterte: „Wir könnten vielleicht ausrangierte chinesische Frachter zur Verfügung stellen und kurzfristig die Umrüstung auf die notwendige Technologie organisieren. Das sollte in verschiedenen vietnamesischen Häfen vonstattengehen. Den Verkauf der Containerschiffe könnten wir mit Proforma-Rechnungen verschleiern. Ich muss das aber erst noch abklären. Die Frachter sollten auf jeden

Fall unter mehreren internationalen Flaggen laufen. Vietnam entscheidet dann ganz allein über die Routen und Ausbringungsmengen der Schiffe. Eine Beteiligung von uns hat es nie gegeben."
Nien Duong schluckte. Da kannte sich aber jemand sehr gut damit aus, wie man so etwas abwickelte.
Es wurde bereits sehr konkret. Sogar unheimlich konkret ... Aber genau das war ja der Auftrag, eben solch ein Szenario vorzubereiten.
Wenn er das hinbekäme, wäre das bestimmt förderlich für seine Karriere. „Ich habe verstanden. Wir sollten morgen weitersprechen. Zur gleichen Uhrzeit?"
General Cheng Zhang bestätigte: „Ja. Morgen müssen wir eine wegweisende Entscheidung treffen, wie wir das weltpolitische Gleichgewicht wiederherstellen."

Kapitel 37

Präsident Iwanowitsch hatte es noch nicht verwunden, vom amerikanischen Präsidenten so vorgeführt worden zu sein. Eigentlich waren diese Lorbeeren bereits für *ihn* eingeplant gewesen. Dieser Auftritt im Fernsehen hatte seinen Stolz beleidigt. Und dann noch die Sabotage der russischen Mission, das durfte nicht ungesühnt bleiben! Die vorherige Warnung von Präsident Walker und die möglichen Probleme durch die Doppelung der Effekte; das alles hatte er gedanklich inzwischen beiseitegeschoben.

Präsident Iwanowitsch befahl am Montag nach der amerikanischen Pressekonferenz Victor Koslow in sein Büro. Er war der Chef der Spezialeinheit des militärischen Geheimdienstes GRU. Es galt, zunächst den terroristischen Akt auf dem Raketenstützpunkt aufzuklären.

Das Büro des Präsidenten war opulent eingerichtet. Wenn man eintrat, überstrahlte ein Gemälde den ganzen Raum. Es zeigte Iwanowitsch in einer historischen Gardeuniform. Die Schulterklappen waren mit goldenen Kordeln besetzt. Mehrere Orden bepflasterten seine Brust. In der Mitte des Raums standen sich zwei schwere dunkelbraune Ledersessel einander gegenüber.

Präsident Iwanowitsch machte eine einladende Handbewegung. „Nehmen Sie Platz." Er begann direkt mit der entscheidenden Frage: „Was wissen Sie über den Anschlag auf der Wostotschny Basis?"

Koslow erwiderte beflissen: „Wir haben dort sofort am Wochenende mit den Nachforschungen begonnen. Ein chinesischer Pilot steht unter dem Verdacht, den Angreifer nach Japan ausgeflogen zu haben. Er verkehrt regelmäßig auf der chinesisch-russischen Route nach Blagoveshchensk. Wir haben ihn abgefangen und seine Gedanken ein wenig aufgefrischt. Der Pilot erinnert sich an einen deutschen Akzent seines Passagiers. Jedenfalls waren dessen Pass und Kreditkarte gefälscht. Die Phantomskizze ergab bisher keinen Treffer in der Datenbank."

Iwanowitsch wurde unwirsch. „Es kann doch nicht sein, dass wir uns so auf der Nase herumtanzen lassen! Haben Sie schon untersucht, ob wir im Stützpunkt ein Leck haben? Oder was ist mit den Wissenschaftlern, die von unserer Mission wussten? Haben Sie die schon verhört?"

Victor Koslow war klar, dass das hier kein nettes Kaffeekränzchen war. „Ja, genau da sind wir dran. Der Leiter des Stützpunktes heißt Sascha Smirnov. Er hatte als Letzter Kontakt mit dem Angreifer. Sein Mitarbeiter Alexej Kalinin hat eine interessante Meldung gemacht. Der Schlüssel, der von innen den Serverraum abgeriegelt hatte, stammt von Smirnov. Er wurde zwar bedroht, aber er hätte ja nicht vollumfänglich kooperieren müssen. Damit können wir ihn festnageln. Auf seinem dienstlichen oder privaten Rechner haben wir nichts Verdächtiges gefunden. Aber auf dem Rechner seiner Tochter fanden sich allerhand Recherchen zum Thema Geo-Engineering. Dabei war im Briefing am Stützpunkt nur die Rede von einer Wetteroptimierung. Keine Ahnung. Er wird wohl den Rechner der Tochter benutzt haben."

Präsident Iwanowitsch unterbrach lautstark: „Sie sagen es! Sie haben keine Ahnung! Sehen Sie zu, dass Sie den Angreifer dingfest machen. Mit welchen Mitteln auch immer. Sonst sind Sie die längste Zeit Leiter der GRU-Spezialabteilung gewesen."

Präsident Iwanowitsch stand auf. Ein untrügliches Signal, dass die Unterhaltung beendet war. Koslows Gesichtszüge waren ein wenig entglitten. Er grüßte kurz und sah zu, dass er hier schnellstens wieder herauskam.

Kapitel 38

Nien Duong hatte sich zunächst die grafische Aufbereitung der aktuellen Situation von Linh Nguyen mailen lassen.
Bevor er sie weiterleitete, studierte er sie erst einmal selbst sehr genau. Jetzt sah man die ganze Situation noch viel konkreter. Global nahmen die Niederschläge durch die Maßnahme der US-Amerikaner insgesamt ab, wenn man die Situation mit der des Klimawandels verglich. Besonders kritisch aber waren die Schwankungen. Auf einer Weltkarte sah er, dass sich in Nordost-Australien und im Bereich der Indonesischen Inseln die Regenmengen deutlich erhöhten. Hier würde es zu Sturzregen und Überschwemmungen kommen. Aber in Nordvietnam und Südchina reduzierten sich die Niederschlagsmengen überdurchschnittlich stark. Duong befürchtete, dass die Regenmengen für den Reisanbau nicht mehr reichen würden. Diese Daten belegten eindeutig, dass sie handeln mussten.

Der Ministerialdirigent hatte sich noch mal mit dem Krisenstab abgestimmt. Er gab nicht alle Details der Begründung wieder, warum China Zurückhaltung üben wollte. Das hätte vielleicht zu diplomatischen Verstimmungen geführt. Die Beziehungen beider Länder waren aktuell relativ entspannt. Aber Vietnam hatte sich im Laufe der Geschichte nach all den negativen Erfahrungen mit Frankreich, Japan und Amerika eine gesunde Skepsis bezüglich ausländischer Großmächte zugelegt. Nien Duong sprach davon, dass nur ein sehr kleiner Teil Chinas von der starken Trockenheit betroffen sein würde, aber letztendlich fast vierzig Prozent von Vietnam. Er unterstrich, dass es ein sehr großes Entgegenkommen war, solch eine Unterstützung bezüglich der Flotte zu erhalten.
Der Stabschef war sofort bereit, dieses Angebot anzunehmen. Es gab keinerlei Fragen. Er klinkte sich kurz aus der

Sitzung aus und hielt Rücksprache mit der Regierungschefin. Nach etwa zehn Minuten kam er leicht nickend in die Runde zurück und gab das offizielle Go für das Unternehmen CLIMATE REVENGE, wie er es taufte.

Eine Stunde später saß Ministerialdirigent Duong wieder in seinem Büro und wartete auf den zweiten Video-Call aus China. Diesmal war der vietnamesische Stabschef bei ihm. Nien Duong übersetzte für ihn ins Chinesische. Alle hatten sich pünktlich eingeloggt. Auf dem Bildschirm waren der chinesische Außenminister und General Cheng Zhang zu sehen. Nien Duong stellte den Ton lauter.

Die zweite Simulation mit der Korrektur durch die Wolkenaufhellung war in letzter Minute eingetroffen. Linh hatte die grobe Abschätzung von Urs Alder als neue Absprungbasis in ihr Simulationstool geladen und dann als Zielgröße die ursprünglichen Niederschlagsmengen von Vietnam eingegeben.

Nien Duong teilte seinen Bildschirm und sie schauten gemeinsam auf die geänderte Einfärbung der Weltkarten. Es war gut zu erkennen, dass die Eisenchlorid-Injektionen die lokale Trockenheit wie gewünscht beseitigten. Glücklicherweise gab es keine Nachteile für den Rest Chinas; allerdings sah es für andere Länder bitter aus. In Nordostaustralien und Indonesien kam es zu einem weiteren Anstieg der Regenmengen. Der Südwesten der Vereinigten Staaten war auf einmal ebenfalls betroffen. Jetzt nahmen hier die Niederschläge ab. Das ging aber nach Meinung der versammelten Runde auf deren Konto und nicht auf ihres. Die Amerikaner hatten ja den ersten Stein geworfen.

Der chinesische Außenminister und der vietnamesische Stabschef bestätigten sich gegenseitig das prinzipielle Okay ihrer Regierung. China erneuerte sein Angebot bezüglich der Flotte.

Bereits morgen würden die ersten ausrangierten Frachter Richtung der drei Häfen östlich von Hanoi auslaufen. Das Versprühen von Salznebel war keine neue Technologie. Die Chinesen hatten ihre Expertinnen und Experten befragt. Es wurden Rotorzylinder an Bord benötigt, die auch als Schiffsantrieb üblich waren. In Shanghai gab es so etwas bei den großen Reedereien in den Vorratslagern der Instandhaltung. Im Rahmen von Pilotversuchen hatten sie vor drei Jahren bereits ausprobiert, wie man diese mit Pumpen und Düsen erweitern musste, um die nötige Zerstäubung zu realisieren. Ausreichende Mengen Eisenchlorid konnten bei einem Chemiekonzern im Norden des Landes ausfindig gemacht werden. Sie waren schon unterwegs in die drei vietnamesischen Häfen. Die detaillierten Maßnahmen, um das Unterfangen zu verschleiern, wollte der Außenminister nicht noch einmal vor dem Stabschef darlegen. Je weniger Menschen diese Details kannten, desto besser.

Jedenfalls waren der chinesische Außenminister und der vietnamesische Stabschef sich schnell einig. Die Mission CLIMATE REVENGE sollte in zehn Tagen beginnen. Sie hatten sich schon zu lange von der westlichen Welt alles gefallen lassen. Es galt, ihr regionales Klima wieder in den Griff zu bekommen. Diesmal würden sie diktieren, wo es langging!

Kapitel 39

Victor Koslow hatte Anastasija Kusnezova in die GRU-Zentrale vorgeladen.
Ihr Flugzeug war heute Morgen in Moskau gelandet. Anschließend hatte sie die Straßenbahn bis ins Regierungsviertel genommen. Jetzt lief sie entlang der großen doppelspurigen Straße in Richtung des Geheimdienstgebäudes. Sie war mit den Gedanken gerade ganz woanders.
In ihrer Jugend hatte sie sich gar nicht für den Klimawandel interessiert. Auch jetzt war sie keine glühende Verfechterin der Idee, das ganze Leben wegen des Klimawandels umzustellen. Die Geo-Engineering-Forschung hatte eher zufällig ihr Leben vereinnahmt. Ihr eigentliches Steckenpferd war der Weltraum. Sie hatte immer davon geträumt, Astronautin zu werden. Das war ihr Antrieb.

Anastasija kam aus einem einfachen Elternhaus. Ihr Vater kontrollierte in einem kleinen Dorf, etwa fünfzig Kilometer von Moskau entfernt, die Waggons der russischen Eisenbahn; ihre Mutter versuchte sich als Näherin. Sie hatten ihrer Tochter ans Herz gelegt, frühzeitig einen soliden Beruf zu ergreifen, um auf eigenen Beinen zu stehen. Ein Studium konnten sie ihr nicht finanzieren. Das war Anastasija klar. Sie glänzte in der Schule mit sehr guten Leistungen. Ihr Lieblingsfach war Physik. Die Naturgesetze hatten in ihren Augen etwas Faszinierendes. Zu durchdringen, wie die Welt funktionierte, fand sie spannend. Ihr Physiklehrer erkannte Anastasijas Talent und versuchte, sie zu fördern. Kurz vor ihrem Abschluss gab er ihr den Tipp, sich für ein Stipendium der Raumfahrttechnik an der staatlichen Moskauer Universität zu bewerben. Als sie das ihren Eltern erzählte, gab es Streit. Beide versuchten, ihrer Tochter diesen Schritt zu verbieten. Das wollte sie sich aber keineswegs gefallen lassen.

Anastasija suchte Rat bei ihrer Großmutter, Bei ihr hatte sie einen Teil ihrer Kindheit verbracht. Der Kontakt war immer sehr innig gewesen.

Anastasija war ihre einzige Enkelin. Sie auf einem so spektakulären Weg zu sehen, hätte auch ihr Leben bereichert. Sie saßen in der Küche bei einer heißen Tasse schwarzem Tee. Ihre Babuschka bestärkte sie darin, trotz des Einwandes ihrer Eltern einen Versuch zu starten. Sie bot ihre Adresse für den Bewerbungsrücklauf an, damit Anastasija keinen Ärger bekam. Sollte ihre Enkelin angenommen werden, wollte sie zwischen beiden Seiten vermitteln.

Anastasija war froh, mit dieser Entscheidung nicht allein dazustehen. Sie erinnerte sich noch daran, wie sie ihrer Oma zum Abschied einen dicken Kuss gab.

Als dann tatsächlich eine Zusage kam, gaben die Eltern von Anastasija sehr schnell ihren Widerstand auf. Ihnen war klar, sonst hätten sie ihre Tochter verloren. Da brauchte die Großmutter kaum zu intervenieren.

Anastasija ging nach Moskau und kniete sich in ihr Studium, das sie mit Bravour meisterte. Sie bestand ihr Diplom mit Auszeichnung und bekam danach direkt ein Angebot von der staatlichen Raumfahrtforschung. Anfangs assistierte sie in zwei kleineren Projekten der internationalen Raumfahrtstation ISS. Eines davon wurde nie umgesetzt, das andere lieferte keine nennenswerten Ergebnisse.

Nach mehr als vier Jahren schien die Zeit reif zu sein, bei ihrem Chef für ein eigenes Aufgabengebiet vorzusprechen. Der ihr vorgesetzte Forschungsleiter schlug sie daraufhin für das Geo-Engineering-Projekt der reflektierenden Spiegel vor. Da konnte sie wohl kaum nein sagen.

Sie brauchte eine Weile, um sich in die Thematik einzuarbeiten. Die Idee war, beschichtete Folien mit einem Durchmesser von etwa einem halben Meter im Gleichgewichtspunkt zwischen Erde und Sonne zu platzieren.

Anastasija versuchte, die notwendigen Ausbringungsmengen zu berechnen und kam auf etwa 3 Millionen Discs pro Minute. Das hörte sich sehr utopisch an. Ihr war klar, dass sie damit nicht mit den anderen Geo-Engineering-Methoden konkurrieren konnte. Zwar waren die prinzipiellen Nebenwirkungen umso geringer, je größer die Entfernung des Eingriffspunkts zur Erde war. Aber der riesige Transportaufwand, die Folien dort hochzushutteln, nahm ihrem Forschungsthema jegliche Realisierungschance. Für ein Pilotprojekt würde ihr Institut niemals Geld in die Hand nehmen. Ihr Traum von einer Reise ins Weltall war damit auf einmal wieder in ganz weite Ferne gerückt. Sie musste irgendwie versuchen, von diesem Abstellgleis wieder herunterzukommen.

Jetzt stand Anastasija vor dem Eingang des GRU-Gebäudes und versuchte, sich auf das bevorstehende Gespräch zu konzentrieren. Sie begriff überhaupt nicht, was sie von ihr wollten.

Anastasija kannte den Auftritt des amerikanischen Präsidenten aus dem Internet. War sie etwa in den Streit der Großmächte um die Vormachtstellung in der Stratosphäre hineingerutscht? Sie selbst arbeitete doch gar nicht an dem Thema. Anastasija hatte nur ein paar beiläufige Informationen von dem Kollegen aufgeschnappt, mit dem sie immer zusammen Mittag aß. Er war auch mit ihr auf der Tagung in Genf gewesen. Von ihm wusste sie, dass die russische Stratosphären-Mission aus unerfindlichen Gründen doch nicht gestartet war. Also, worum ging es hier?

Jetzt wurde es langsam Zeit für Anastasija Kusnezova, ins Gebäude hineinzugehen. Sie meldete sich am Empfang und wurde dann nach oben begleitet. Der Raum, in den man sie brachte, war klein und düster. Nur ein Tisch und zwei Stühle. Victor Koslow bot ihr an, sich zu setzen. Dann nahm er sie ins Kreuzverhör.

Die Wissenschaftlerin wusste gar nicht, wie ihr geschah. Je mehr sie bedrängt wurde, desto mehr musste sie sich anstrengen, auf dem Stuhl nicht zusammenzuschrumpfen.
Koslow wollte alles ganz genau wissen. Barsch fragte er die junge Frau: „Was wusste die amerikanischen Wissenschaftsdelegation der Genf-Tagung von GIGA TERRA? Wem haben Sie alles von der Mission erzählt? Wie konnte es denn sein, dass plötzlich jemand am Cosmodrom in Russland auftauchte? Sagen Sie mir bitte jetzt sofort die Wahrheit!"
Anastasija saß mit starrem Gesicht gegenüber von Victor Koslow, unfähig, unmittelbar zu antworten. Sie war schockiert darüber, was man ihr alles anlasten wollte.
Anastasija hatte sich bereits vorher schon Gedanken gemacht, was die schillernde Grace Anderson so alles auf dem Kerbholz hatte. Was war ihre Rolle bei der amerikanischen Stratosphären-Mission gewesen? Letztendlich dürfte sie aber genauso wenig mit der eigentlichen Einsatzentscheidung zu tun gehabt haben wie ihr Kollege im Falle des gescheiterten russischen Ballonstarts. Sicher war Anastasija noch mal über den Abend in diesem italienischen Restaurant in Genf gestolpert. Die Tische waren dort verhältnismäßig weitläufig eingedeckt gewesen. Man konnte nicht alle Gäste im Blick haben. Und unten im Keller, wo sie sich mit ihrem Kollegen unterhalten hatte? Als sie den Raucherraum verließen, konnte sie dieses knutschende Pärchen nicht eindeutig erkennen. Tja. Vielleicht hatte dort jemand etwas von ihrem Gespräch aufgeschnappt. Aber sie war sich nicht sicher. Und außerdem würde sie einen Mordsärger bekommen, wenn herauskäme, dass sie selbst die undichte Stelle wäre.
Anastasija blendete diesen Vorfall einfach aus.
Ihr moralischer Kompass riet ihr dazu. Sie versuchte, sich aufrecht hinzusetzen und antwortete: „Nein. Ich habe keinerlei Kontakt zu den amerikanischen Wissenschaftlern. Russland ist ja auch gar nicht an dieser internationalen Forschungskooperation beteiligt. Das hat unser Institutsleiter

untersagt. Ich habe über den russischen Eingriff nur mit meinem Kollegen gesprochen, mit dem ich zusammen auf der Tagung war. Und ich habe keinen blassen Schimmer, wer unsere Mission aufgehalten hat."

Noch nie war ihr Traum vom Weltall so weit entfernt gewesen. So ein Verhör war bestimmt nicht förderlich für ihre Karriere. Ob Victor Koslow ihr Zögern bemerkt hatte? Sie war durch die zahlreichen wissenschaftlichen Vorträge gut trainiert, ihre innere Gefühlswelt nicht nach außen zu kehren. Bei solchen Auftritten durfte sie sich auch nicht anmerken lassen, wenn sie aufgeregt war. Aber diese Geheimdienstleute waren bestimmt gut geschult, was verräterische Körpersprache betraf. Es war einfach unglaublich, wo sie da hineingeschlittert war. Ob ihr Kollege mehr zu Grace Anderson gesagt hatte? Dieser Gedanke gefiel ihr überhaupt nicht. Ihn danach zu fragen, war aber sicher auch keine gute Option. Wer weiß, ob sie inzwischen abgehört wurden.

Koslow fasste noch zweimal nach, aber vergeblich. Hier war nicht wirklich etwas zu holen. Wenn sie etwas wusste, dann verbarg sie es gut. Für die nächsten Gespräche musste er sich etwas Besseres einfallen lassen, sonst war er bald seinen Job los. Für morgen hatte er Sascha Smirnov einbestellt, um ans Eingemachte zu gehen. Da würde er sich mal wieder richtig abreagieren.

Kapitel 40

Grace war am Wochenende wieder in dem Tagungshotel in Genf angekommen, das sie beim letzten Mal gebucht hatte. Urs Alder holte sie am nächsten Morgen ab. Sie unternahmen erst einmal einen langen Spaziergang in der Altstadt. Urs war wegen der ganzen Situation sehr niedergeschlagen. Grace machte trotz ihrer neuen Liebe ebenfalls einen sehr bekümmerten Eindruck.

„Hättest du so etwas für möglich gehalten?", fragte sie.

Er antwortete: „Nein. Nicht wirklich. Klar, ich habe schon gespürt, dass unsere Forschung in den letzten Jahren immer mehr in den Fokus der Öffentlichkeit geraten ist. Und sicher, auch der Druck, schnell Ergebnisse liefern zu müssen, nahm zu. Das kam daher, weil die Welt sich einfach viel zu langsam verändert hat. Aber dass dann alle gleichzeitig loslegen – also damit hätte ich im Traum nicht gerechnet! Du etwa?"

Grace schaute Urs ernst in die Augen, als sie verneinte. Sie antwortete: „Seit den Zweitausenddreißigerjahren sehen immer mehr Menschen im Geo-Engineering eine Art Ausweg aus der drohenden Katastrophe. Was daran aber kontraproduktiv ist: Darauf zu setzen, dass diese Technologie schon alles richten wird. Das dient dann auch als Ausrede, sich nicht weiter um die Transformation in Richtung einer erneuerbaren Welt zu bemühen."

Urs Adler nahm Fahrt auf: „Dabei ist dieser Wandel so verdammt notwendig, notwendiger als je zuvor! Selbst mit dem Einsatz unserer Methoden! Wir können ein paar Effekte vorübergehend abmildern. Aber wir können das Klima nicht exakt auf den vorindustriellen Zustand zurückbefördern. Das muss man den Leuten mal klarmachen: Den kompletten TOTAL RESET für das Klima gibt es nicht!"

Auch Grace war wirklich verzweifelt. Ihr lag aber noch ein anderer Aspekt ihrer Forschungen auf dem Herzen: „By the

way. Bist du dir denn sicher, ob wir alle Nebenwirkungen im letzten Detail der Mikrophysik richtig prognostiziert haben? Also, ich könnte das nicht mit Sicherheit sagen …"
Urs Adler bestätigte mit leiser Stimme: „Es war so viel von uns erwartet worden … da habe ich auch die ganzen Zweifel zwischenzeitlich manchmal weggeblendet. Aber, dass sich diese Eingriffe ins Klima jetzt alle parallelisieren, das hatte ich nicht auf dem Zettel! Jeder hat heimlich an seiner Lösung herumgedoktert."

Grace schlug einen Bogen zu den anderen nicht so riskanten, aber leider auch nicht so wirksamen Geo-Engineering-Methoden: „Warum haben wir nicht einfach vor zehn Jahren versucht, das CO_2 wieder aus der Atmosphäre zu entfernen? Mit Wiederbewaldung zum Beispiel. Oder man hätte mit Agroforestry die Abgabe von CO_2 aus immer mehr austrocknenden Böden bremsen können. Weißt du noch, was die nigerianische Kollegin auf unserer ersten Tagung berichtete? Sie hatte in ihrem Projekt beachtliche Erfolge damit erzielt, Streifen mit großen schattenspendenden Pflanzen abwechselnd mit Streifen von Ackerflächen anzuordnen. Im dadurch feuchteren Boden bleibt der Kohlenstoff gebunden und tritt nicht als CO_2 in die Atmosphäre. Das Unterpflügen von Bio-Holzkohle hätte die Bindung von Kohlenstoff im Boden sogar noch steigern können. Genauso wäre auch die Wiederbewässerung von Mooren eine kluge Idee gewesen, einen spürbaren Teil der weltweiten Emissionen aufzuhalten."

Urs warf ein: „Das sind alles gute und richtige Schritte. Aber das hätte nicht gereicht, um diese riesigen Mengen an Emissionen in den Griff zu bekommen. Mal abgesehen davon, dass es schon etwas crazy ist, CO_2 in die Atmosphäre zu pusten und es dann mühsam wieder zu entnehmen.

Ich habe immer die Lösung mit den riesigen Ammoniakfiltern favorisiert, um das CO_2 anschließend in porösen

Basaltformationen zu versteinern. Die Umwandlung zu Carbonatgestein benötigt etwa zwei Jahre. Dann kann das CO_2 nicht mehr entweichen. Wir hätten vor etlichen Jahren damit anfangen müssen, um genug von dieser Technik zu installieren. Ausreichend Basaltgestein dafür gäbe es zum Beispiel in Island, im Oman und in den USA. Es bräuchte nur eine globale Vereinbarung, um diesen Ländern das Ganze zu finanzieren. Dann könnten die immensen Logistikkosten für den Transport des herausgefilterten CO_2 vermieden werden. Ein weltweiter CO_2-Preis hätte das richten können. Und der wäre nur etwa halb so hoch wie die Schadenskosten für die nächste Generation ausgefallen. Also fast ein Schnäppchen."
Grace führte den Gedanken weiter: „Es scheint im ersten Moment am billigsten zu sein, etwas Kalk in der Stratosphäre zu verteilen. Bei der Rechnung darf man aber nicht vergessen, dass wir das wegen des Lock-In-Effekts mehrere Jahrhunderte tun müssen. Rechnet man das hoch, besteht kaum noch ein Unterschied."
Eine kurze Pause entstand.
Urs zog den Bogen wieder noch etwas größer: „Im Grunde genommen hat uns der Chefökonom der Weltbank, Nicolas Stern, bereits zu Beginn dieses Jahrtausends gewarnt: Bis zu zwanzig Prozent des Weltbruttosozialprodukts kostete es, die Folgen des Klimawandels zu beheben und nur etwa ein Prozent, um ihn zu verhindern. Am allerschlauesten wäre es also gewesen, ohne diese ganzen Korrekturmaßnahmen auszukommen und einfach aufzupassen, dass wir nicht in diese Zwangslage geraten."
Einen Moment gingen sie still nebeneinander her. Mehrere Kirchen hatten ihr Mittagsgeläut begonnen. Um diese Zeit war nicht viel los auf den Straßen von Genf.

Urs suchte jetzt noch nach Erklärungen, warum genau zu diesem Zeitpunkt mehrere Staaten parallel aktiv geworden waren: „Mir ist im letzten Jahr aufgefallen, dass in der

Öffentlichkeit nur noch die Rede davon war, diverse Kipppunkte könnten bereits überschritten sein. Erinnerst du dich noch daran, als dann letztes Jahr im August dieser kleine sibirische Ort komplett im Permafrost verschwunden ist? Auf einmal wurde ganz anders über das Thema diskutiert." Grace erinnerte sich: „Ja, das weiß ich noch genau! Endlich schien es allen klar zu sein, dass die Zeit abgelaufen war, um die Reißleine zu ziehen. Dann kam im November das Gutachten, dass der Golfstrom wegen der tauenden Arktis bereits um fünfundzwanzig Prozent abgenommen hat …" Urs fiel ihr ins Wort: „… und kurz darauf folgten noch die Nachrichten über die extreme Versteppung des Amazonasgebietes. Beide Veränderungen waren zwar regional, hatten aber globale Auswirkungen. Klar, dass sich auch die Regierungschefs dieser Welt mehr und mehr für das Geo-Engineering interessierten."

Grace nickte. Sie entwickelte den Gedanken von Urs weiter: „Ich glaube, die Weltpolitik wurde in den letzten Jahren immer undurchsichtiger. Die UN degeneriert immer mehr zu einem zahnlosen Tiger. Im vergangenen Jahr habe ich mich dauernd gefragt: Wer soll entscheiden, welche Region wir mit unseren Methoden benachteiligen dürfen? Hätte man das Veto kleiner Länder einfach so überhören dürfen? Es ist ethisch einfach nicht lösbar, was wir hier machen."

Urs brachte es auf den Punkt: „Und da es keine Geo-Engineering-Lösung gibt, von der alle profitieren, hat halt jeder sein eigenes Süppchen gekocht."

Grace nickte. „Ja, genau so ist es wohl abgelaufen." Sie schaute sich um. Nicht alle Bäume trugen mehr ihr Sommerkleid in diesem heißen Juni 2036.

Sie spazierten durch den Park am Universitätsgebäude. Jeder hing ein paar Minuten seinen Gedanken nach. Dann fragte Urs: „Was machen wir nun?"

Grace hatte auf der Rückfahrt nach Genf lange darüber nachgegrübelt. Ihre Antwort lautete: „Wir könnten unsere Simulation mit allen bekannten Daten des amerikanischen und vietnamesischen Eingriffs füttern. Als globales Optimum soll der Computer die Lösung mit der kleinsten aufaddierten Abweichung der Niederschläge, verglichen mit dem vorindustriellen Niveau, ausspucken. Wir müssen unabhängig von allen Einzelinteressen der Länder aufzeigen, was jetzt noch zu retten ist." Urs fügte sichtlich motiviert hinzu: „Dann sollte nicht die Temperatur unsere zentrale Variable sein! Sondern der Niederschlag! Wasser ist seit Beginn des Klimawandels einfach unsere knappste Ressource." Grace fiel ihm zumindest ein wenig erleichtert ins Wort: „Sehr gut! Parallel dazu sollten wir fordern, dass die Länder, die das Glück haben, bisher ohne nennenswerten Schäden davongekommen zu sein, den Ländern helfen, die es härter erwischt hat. Und wir müssen versuchen, allen – der Öffentlichkeit, Unternehmen, Politikern – klarzumachen, dass kein Weg an temperaturreduzierenden Emissionsminderungen vorbeigeht! Es ist manchmal einfach zum Verzweifeln, dass sich so wenig tut! Meine Riesenhoffnung ist, dass es für unseren Vorschlag noch nicht zu spät ist … Nicht, dass wir bereits tatsächlich hinter zu viele Kipppunkten gelangt sind …"
Urs antwortete: „Ja, Grace, das hört sich nach einem Plan an. Und du hast recht: Die Hoffnung stirbt zuletzt."
Grace und Urs schlenderten noch ein wenig weiter und schauten in die prallgefüllten Schaufenster. Grace wurde im Vorbeigehen von einer mürrisch aussehenden Frau im Lodenmantel angerempelt. Aber sie nahm kaum Notiz davon. Sie war zu sehr in die Diskussion mit Urs über die detaillierten Parameter der Simulation vertieft.
Nach einer Viertelstunde verabschiedeten sie sich voneinander. Grace lief mit hängendem Kopf deprimiert allein zurück zum Hotel.

Kapitel 41

Sascha Smirnov betrat am nächsten Tag mit einem unguten Gefühl im Bauch das Geheimdienstgebäude in Moskau. Er hatte keine Angst um seine Karriere. Die war ihm egal. Aber es stand mehr auf dem Spiel, so viel war klar.

Bereits am Empfang fiel die Begrüßung sehr unterkühlt aus. Er wurde intensiv durchleuchtet und abgetastet. Dann begleitete der Beamte ihn nach oben. Smirnov gefiel die Art nicht, wie der bewaffnete Wachsoldat immer einen halben Meter hinter ihm ging. Fast so, als wolle er ihm in die Hacken treten. Sie nahmen die Treppe. Der Wachmann bugsierte ihn zur zweiten Tür links.

Sascha Smirnov kannte Victor Koslow. Er traute ihm alles zu. Als er das Zimmer betrat, begegneten sie sich mit eisigen Blicken. Nachdem sich beide gesetzt hatten, fackelte der Geheimdienstchef nicht lange: „Wir haben Beweise, dass Sie kurz vor dem Start der Stratosphären-Mission die Sabotage eines deutschen Terroristen unterstützt haben. Das ist Vaterlandsverrat. Sie können von Glück sagen, wenn Sie nur im Gulag landen und das hier überleben."

Smirnov war keineswegs erstaunt. Er hatte sich gedanklich auf alles vorbereitet. Die Verabschiedung von seiner Familie war heute Morgen intensiver als sonst ausgefallen. Er hatte sich ein paar mehr Sekunden Zeit für die üblichen Umarmungen gelassen. Seiner Tochter Luna war das nicht entgangen und sie hatte ihn gefragt, was los sei. „Gar nichts", war seine Antwort. Obwohl es ihm schwerfiel. Smirnov hatte vorgesorgt. Ein Abschiedsbrief und ein Konto mit Erspartem waren hinterlegt.

Trotz alledem gab es nichts zu bereuen. Dass er Luca Barbieri den Schlüssel zum Serverraum ausgehändigt hatte, war in dem Wissen geschehen, dass der Start der Mission großen

Schaden angerichtet hätte. Ansonsten wäre er sicher in der Lage gewesen, ihn in die Irre zu führen.
Smirnov fragte: „Von was für Beweisen sprechen Sie?"
Koslow wurde laut: „Sie haben hier gar nichts zu verlangen!" Er schrie: „Die Amerikaner lachen über uns! Das ist Ihre Schuld! Sie haben diesen Terrorakt ermöglicht, indem Sie Ihren Schlüssel herausgegeben haben. In Ihrer Position erwarten wir, dass Sie das Wohlergehen Russlands mit Ihrem Leben verteidigen! Das Einzige, was Sie jetzt noch vor dem zufälligen Unfalltod retten kann, ist der Name des Terroristen. Mit wem haben Sie kollaboriert?"
Smirnov zögerte.
Darüber hatte er vorher lange nachgedacht. Sie würden so oder so kurzen Prozess mit ihm machen. Koslow war niemand, dem man trauen konnte.
Smirnov versuchte zu beschwichtigen: „Ich kann Ihnen den Mann beschreiben, der mich überwältigt hat. Mehr nicht."
Der Geheimdienstchef schrie ihn weiter an: „Was haben Sie in Ihrem Büro mit ihm besprochen?"
Smirnov antwortete wahrheitsgemäß: „Er hat von der Mission der Amerikaner erzählt. Und dass sie mit Kalk statt Schwefelsäure operiert haben. Damit bleibt die Ozonschicht intakt."
Victor Koslow interessierte sich sicher nicht für die Begründung, warum die Sabotage Sinn gemacht haben könnte. Das war Smirnov schon klar. Als Leiter des Stützpunktes hatte er immer versucht, bei der Wahrheit zu bleiben, weil es in seinen Augen keine bessere Richtschnur gab, selbst wenn er damit provozierte. Der Geheimdienstchef sprang auf und beugte sich über den Tisch. Er ging jetzt zum ‚Du' über. Sein Gesicht verzerrte sich zu einer Grimasse, als er ihn aus einer Entfernung von zehn Zentimetern anschrie: „Wir haben Daten auf dem Rechner deiner Tochter sichergestellt! Dann wollen wir mal hoffen, dass sie nicht auch noch in einen bedauernswerten Unfall verwickelt wird!"

Sascha Smirnov war sprachlos. Damit hatte er nicht gerechnet. Man sah ihm an, wie geschockt er war. Er senkte seinen Blick auf den Boden. Seine Gesichtszüge waren wie versteinert. Einen Moment zögerte er noch. Dann sagte er leise flüsternd: „Sein Name ist Luca Babieri."

Victor Koslow trat vor die Tür, wo der bewaffnete Wachsoldat wartete und gab eine klare Anweisung: „Abführen. Und dann Gulag. Ohne Rückfahrticket." Smirnov war gebrochen.

Nicht nur, was vor ihm lag, machte ihm Angst. Ihn plagte auch noch sein schlechtes Gewissen, auf der Zielgeraden Luca Barbieri verraten zu haben.

Victor Koslow war schon immer eine brutale Kämpfernatur gewesen. Schon als kleiner Junge hatte er sich für die russische Kampfsportart Sambo interessiert. Das war eine Mischung aus Ringen, Judo und Jiu Jitsu. Dieser Nahkampfstil wurde etwa 1920 in der Roten Armee erfunden. Im Rahmen seiner Bewerbung beim russischen Geheimdienst erkannten sie seinen Kampfgeist. Bei seinem ersten Auslandseinsatz – so erzählte man sich – hatte er ein Mitglied des tschetschenischen Geheimdienstes so krankenhausreif geschlagen, dass der seinen Dienst quittieren musste. Der andere hatte versucht, ihn mit einem Messer anzugreifen. Bald eilte ihm der Ruf voraus, dass man sich besser nicht mit ihm anlegte. Er entwickelte eine perfide Art, sich in seine Gegner hineinzuversetzen. Eine Beförderung jagte die nächste, bis er bereits mit sechsundvierzig Jahren zum Chef des GRU, dem ehemals sowjetischen und aktuell russischen Militär-Nachrichtendienst, berufen wurde.

Kapitel 42

Grace und Urs verabredeten sich täglich zum Spaziergang, um Neuigkeiten auszutauschen. Es war ein heißer Nachmittag und sie setzten sich im Institutsgarten auf eine Bank in den Schatten. Urs hatte Schweißperlen auf der Stirn.

Grace versuchte, von ihm noch mal Informationen zu der Wechselwirkung verschiedener Substanzen in der Stratosphäre zu bekommen. Inzwischen hatte sich die Frage zwar erübrigt, weil Luca die russische Mission verhindert hatte. Aber Grace wollte das Ganze für sich aufarbeiten, um es abhaken zu können.

Sie begann: „Ich habe da mal eine grundsätzliche Frage. Bei der Reaktion von großen Mengen Kalk und Schwefelsäure in der Atmosphäre entsteht als Produkt CO_2. Könnte das die abkühlende Wirkung der beiden Substanzen aufheben?" Sie stellte die Frage rein hypothetisch, damit Urs keinen Verdacht schöpfen konnte. Er hatte sich intensiver mit derartigen Studien beschäftigt. Urs erklärte ihr, dass die dabei entstehende Menge CO_2 zu klein sei, um den Effekt umzukehren. „Da passiert nur etwas auf irgendeiner Nachkommastelle."

Grace schluckte. Aha. Dann war sie vor ein paar Wochen umsonst wegen dieses Themas ins Schlingern geraten. Sie hätte Linh Nguyen beim Abendessen also gar nicht mit dieser Frage drangsalieren müssen. Danach war Linh sehr abweisend und distanziert gewesen. Na, ja, egal. Ändern konnte sie das jetzt eh nicht mehr. Aber ein blöder Nachgeschmack blieb.

Grace richtete ihren Focus wieder auf die Zukunft. Was sollten die allernächsten Schritte sein? Darüber hatte sie seit ihrem gestrigen Spaziergang lange nachgegrübelt. Sie schlug Urs vor, das Problem mit dem Eisenchlorid öffentlich zu machen. Sie konnten nicht einfach so zuschauen, wie hier

zwei Geo-Engineering-Methoden parallel nebeneinander herliefen. Urs hatte bereits ähnliche Überlegungen angestellt und stimmte ihr ohne Vorbehalte zu. „Ja, das müssen wir unbedingt in Angriff nehmen."
Sie verständigten sich darauf, dass Urs im Laufe der nächsten zwei Wochen eine kritische Presseerklärung über sein Institut verteilte. Grace war ja noch im Urlaub. In der Mitteilung würden sie die gemessenen Eisenchlorid-Konzentrationen und dessen Auswirkungen erläutern. Weil sie deren Entstehungsquelle noch nicht nachweisen konnten, mussten öffentliche Spekulationen über die Herkunft der Substanz unterbleiben. Bezüglich der höheren Dosierung der Amerikaner stellte sich die Sachlage ähnlich dar. Hier wollten sie erst einmal längere Messungen abwarten, um ihren Verdacht zu erhärten.

Die Rede von Präsident Walker war in der vorletzten Woche nach einem ersten Aufschrei dann doch positiv in der internationalen Presse aufgenommen worden. Nachdem sich die Gemüter wegen des Alleingangs der Amerikaner ein klein wenig beruhigt hatten, begrüßten viele Mainstream-Medien, dass endlich etwas passierte. Das Mitansehen der zunehmenden Extremwetter hatte viele Menschen frustriert. Die Furcht vor der drohenden Klimakatastrophe war inzwischen allgegenwärtig. Und Angst war nie ein guter Berater. Viele Menschen spürten, dass das Ganze nur noch schwer aufzuhalten war. Und so traf die Rede von Präsident Walker genau diesen Nerv einer verängstigten Gesellschaft.

Die geänderte Reflexion durch die stratosphärischen Aerosole hatte zwar die Farbe des Horizonts verändert. Komischerweise irritierte das aber die wenigsten. Der Himmel erschien nicht mehr so bläulich, sondern weißer. Die Medien stellten dies euphorisch als Symbol einer neuen Ära dar. Sie spürten, dass die Menschen dies brauchten, waren sie doch müde geworden, in ständiger Angst zu leben.

Präsident Walker hatte einen großen Coup gelandet. Die Menschen glaubten ihm, weil sie die schlechten Nachrichten leid waren. Nicht, dass er sie überzeugt hatte! Sie wollten ihm einfach glauben. Der Generalstreik in Amerika lief ins Leere. Nur Fanatiker beteiligten sich noch. Die Nationalgarde konnte die öffentliche Ruhe schnell wiederherstellen.

In Europa warnten ein paar Spezialisten zwar vor den Nebenwirkungen der Methoden, aber kaum jemand hörte ihnen zu. Als Urs Institut die Presseerklärung veröffentlichte, fiel seine Hiobsbotschaft deshalb auf keinen fruchtbaren Boden. Zwei kleinere Fernsehsender baten ihn um ein Interview. Ein paar Tage später verebbte aber bereits das Echo. Alle warteten erst einmal ab, inwieweit der Klimawandel abflauen würde.

Nur zwei weltweite Umweltorganisationen erkannten die Tragweite und versuchten, mit einer Kampagne Aufmerksamkeit auf das Thema zu lenken. Bis auf die Ankündigung einer Demonstration und mehreren geplanten Fachgesprächen mit europäischen Politikern war noch nicht viel Bewegung in die Sache gekommen. Mehrere Expertinnen und Experten auf dem Gebiet des Geo-Engineerings waren allerdings hypernervös geworden. Urs erhielt zahlreiche Aufforderungen, so schnell wie möglich wieder eine Konferenz zu dem Thema zu organisieren.

Kapitel 43

Luca war inzwischen wieder in Berlin angekommen. Sein Chef hatte ihm noch mal bescheinigt, wie außerordentlich sein Einsatz gewesen war. Immer, wenn sie sich über den Weg liefen, bemerkte er sein bewunderndes Kopfnicken.
Natürlich musste es aus Sicherheitsgründen streng geheim bleiben, wer die russische Mission sabotiert hatte. Luca war aber auch ohne das Öffentlichmachen seiner Heldentat am Ziel seiner Träume. Mit seinem Einsatz in Russland hatte er sich für höhere Aufgaben empfohlen. Er konnte sich keinen spannenderen Beruf mehr vorstellen. Und dann hatte er auch noch die Frau erobert, die er liebte.

Er war auf dem Weg zur Arbeit. Üblicherweise benutzte er das Fahrrad. Damit kam man in Berlin am schnellsten vorwärts und es hielt fit. Manchmal dachte er noch an seine erste Observierung, als er in dieses Plenum der Radwegeaktion geraten war. Inzwischen hatte Berlin zehn sogenannte Radschnellstraßen etabliert, auf denen man vom Stadtrand ungehindert in die Innenstadt gelangte. Das war endlich eine sichere Alternative zu den überfüllten Hauptverkehrsadern der Autofahrer.

Wie viel Zeit seit dieser Einarbeitungsphase vergangen war! Die ersten paar Jahre waren voll von eher langweiligen Aufträgen gewesen. Nur Standardüberwachungen, nichts Spektakuläres. Dann hatten sie ihn zumindest mal ab und zu ins Ausland entsendet. Meistens begleitete er dabei aber nur Kolleginnen und Kollegen.

In den letzten fünf Jahren bekam er endlich eigenständige Aufträge zugeteilt. Darauf hatte er jahrelang hingearbeitet: die Verantwortung dafür zu haben, im Hintergrund die Fäden für eine gerechtere Welt zu ziehen. So verstand er seinen Job. Ein hoher Anspruch sicherlich.

Es war ein warmer Sommermorgen. Luca fuhr beschwingt in einem Pulk von Radfahrern an der Rummelsburger Bucht entlang und folgte dann weiter der Spree. Er genoss es, an der frischen Luft zu sein. Bei seinem flotten Tempo überholte er ab und an Menschen, die gemächlicher ins Pedal traten. Immer wenn er sich dafür kurz umschaute, sah er die gleiche schwarze Gestalt in einiger Entfernung. War da ein Fahrradfahrer, der ihn die ganze Zeit verfolgte? Oder bildete er sich das ein? Wahrscheinlich hatte er nur das gleiche Tempo wie dieser Unbekannte. Der Mann schien sehr groß und breitschultrig zu sein. Aufgefallen war er Luca, weil er seine Kapuze über den Kopf gezogen hatte, trotz des warmen Sommerwetters.

Luca stieg einfach kurz vom Rad, um zu schauen, was dann passieren würde. Er hielt an einer Parkbank an und nahm sich seine Trinkflasche aus dem Rucksack. Luca versuchte, nicht direkt zurückzuschauen. Aber als er zur Seite schielte, bemerkte er, wie in etwa hundert Metern Entfernung diese dunkle Gestalt ebenfalls vom Rad gestiegen war und irgendetwas an seinem Rad herumfingerte. War das alles ein blöder Zufall? Luca beschlich ein ungutes Gefühl. Er war sich sicher gewesen, dass er unerkannt aus Russland ausgereist war. Aber vielleicht hatten Agenten des russischen Geheimdienstes nachträglich seine Spur aufgenommen?

Luca beschloss, in Zukunft noch vorsichtiger zu sein. Er stieg wieder auf sein Rad. In einer halben Stunde hatte er ein wichtiges Gespräch bei seinem Chef. Er sollte in Zukunft das Russland-Ressort leiten.

Teil VI

Dezember 2036

Kapitel 44

Grace hatte nach der mangelnden Resonanz von Urs Presseerklärung ihren Chef erst einmal schriftlich um mehrere Monate unbezahlten Urlaub gebeten. Delawares Genehmigung ließ nicht lang auf sich warten, weil er direkt nach dem Start der Transport-Flugzeugflotte sowieso keine passende Verwendung für sie hatte. Für ihn stellte sich das zumindest so dar.

Grace brauchte wirklich erst mal eine Pause. Sie wollte in Ruhe mit Urs an ihrer gemeinsamen Idee arbeiten. Erst wenn sie beide eine Lösung zur Schadensbegrenzung präsentieren konnten, machte es Sinn, noch mal öffentlich aktiv zu werden. Als Allererstes mussten sie ihre Simulationen auf die Kombinatorik von zwei gleichzeitigen Geo-Engineering-Maßnahmen umstricken. Leider nahm das etwas Zeit in Anspruch. Urs holte dafür zunächst zwei Informatiker von seiner Hochschule ins Forschungsteam. Dann beschäftigten sie sich noch genauer mit den aktuellen Verteilungen des Kalks und des Eisenchlorids, die sich immer noch weiterentwickelten. Diese Daten sollten möglichst genau in ihr Modell integriert werden. Hier war Grace mit ihren Strömungskenntnissen gefragt.

Grace suchte sich fürs Erste ein Apartment in der Nähe der Universität. Sie hatte sich genug Geld für solche Notfälle zur Seite gelegt. Ihre Nachbarin ließ ihr ein paar Kleidungsstücke hinterherschicken. Das musste übergangsweise reichen.

Die letzten Monate hatten Grace und Luca die Wochenenden immer zusammen verbracht. Sie trafen sich auf halber Strecke in irgendeiner mitteldeutschen Stadt, die sie dann gemeinsam erkundeten.
Zusammen schwelgten sie immer noch im siebten Himmel. Sie redeten manchmal die halbe Nacht lang über das, was ihr

Leben bisher für sie bereitgehalten hatte, und wer darin eine wichtige Rolle einnahm. Es gab so viel zu erzählen!
Beide versuchten in ihrer gemeinsamen Freizeit etwas Abstand zu ihrem Job zu gewinnen – so gut es eben ging. Jede weitere Woche, die verstrich, bevor Grace ihre Daten veröffentlichen konnte, bedeutete für sie allerdings zusätzliche Anspannung. Luca hörte Grace geduldig zu und bot ihr Halt, wenn sie mal wieder daran verzweifelte, nicht schnell genug einen Weg aus diesem ganzen Schlamassel zu finden.

An diesem Wochenende trafen sie sich in Nürnberg. Der Christkindlesmarkt dort war weit über die Region hinaus bekannt. Für die Anreise hatten beide den Hochgeschwindigkeitszug gewählt. Grace war eine Stunde eher eingetroffen und wartete in einem Café am Bahnhof. Als Luca das Lokal betrat, blätterte sie in einer Fachzeitschrift. Sie strahlten sich beide an. Die Begrüßung fiel wie immer stürmisch aus. Grace war die erste, die nach dem innigen Kuss die Worte fand. „So schön, dich zu sehen, Liebster." Luca antwortete: „Ja, mein Herz." Grace bezahlte und sie machten sich Hand in Hand auf den Weg aus dem Bahnhof hinaus.

Das Elektrotaxi hielt vor einer kleinen Pension am Stadtrand. Nachdem sie eingecheckt hatten, nahmen sie den Bus zurück Richtung Marktplatz. Auf dem Nürnberger Christkindlesmarkt gab es reihenweise kleine Holzbuden mit dem berühmten Lebkuchen und leckeren Spekulatius. Sie holten sich einen Glühwein und begannen das ganze Kunsthandwerk zu begutachteten, das auf den Weihnachtsständen auslag.
Grace mochte besonders die Holzschnitzereien. Sie fand ein Salatbesteck mit verziertem Schaft, das ihr sehr gefiel und fragte Luca nach seiner Meinung: „Was denkst du, wäre das etwas für unsere Küche?"

Er verstand sofort den Wink mit dem Zaunpfahl. „Ja, es wäre schön, wenn wir nach dem Abschluss deiner Forschungen eine gemeinsame Wohnung suchen könnten."
In Graces apartem Gesicht zeichnete sich große Freude ab, ihre grünen Augen leuchteten ... Luca hatte denselben Wunsch wie sie! Unter der Woche kam ihr die Entfernung zwischen ihnen beiden riesig vor. Und da seine neue Position nicht völlig gefahrlos war, beschlichen sie manchmal irrationale Verlustängste. Sie wollte ihn lieber in ihrer Nähe wissen.
Nachdem sie Arm in Arm alle Stände abgeklappert hatten, fuhren sie zurück in ihre Pension. Sie aßen in dem kleinen Gasthof auf der anderen Straßenseite zu Abend. Grace bestellte eine Bratkartoffelpfanne und Luca probierte das Karpfengericht. Sie schlug vor, morgen Mittag der Abwechslung halber einen Tisch beim Griechen gegenüber zu reservieren.
Das brachte Luca auf eine Idee: „Was hältst du von einem Urlaub in Griechenland, nachdem das alles hier vorbei ist? Da wollte ich immer schon einmal hin."
Grace gefiel es, dass sie beide Pläne schmiedeten. Ein gemeinsames Leben mit Luca konnte sie sich mehr und mehr vorstellen. Sie ließen den Abend bei einem zünftigen Bier ausklingen und gingen früh zurück auf ihr Zimmer.
Grace schloss die Tür. Beide hängten ihre Wintermäntel an die Garderobe. Luca nahm Grace in die Arme. Er schob seine Hand unter ihre Bluse, und genoss das Gefühl von Graces warmer und weicher Haut. Vorsichtig öffnete er ihren BH. Sie zogen sich gegenseitig weiter aus. Ihr Sex war zärtlicher geworden. Ihre Leidenschaft wurde mittlerweile durch das Wissen gesteigert, was dem anderen besonders gefiel.
Nach dreißig Minuten lagen sie erschöpft und glücklich aneinander gekuschelt in den Federn des Pensionsbettes.

Luca kam noch mal auf das Thema zu sprechen, das Grace auf dem Rückweg zum Gasthof angeschnitten hatte: „Ich merke, wie beharrlich du deinen neuesten Simulationsansatz verfolgst. Du kannst ganz schön hartnäckig sein."

Grace hatte ihm von der Diskussion unter den Kollegen erzählt, mit relativen Größen zu arbeiten. Dann würden sie die Interessen von Ländern fairer berücksichtigen, die heute schon Probleme mit zu wenig Niederschlag hatten. In der letzten Woche konnte Grace ihre Kollegen endlich davon überzeugen, den Weg der herkömmlichen Darstellung absoluter Niederschlagsveränderungen zu verlassen und mit Prozentangaben zu arbeiten.

Luca hatte bezüglich Graces Charakter ins Schwarze getroffen.

Sie antwortete: „Ja, da hast du recht. Wenn ich mir mal etwas in den Kopf gesetzt habe, dann bin ich nur sehr schwer zu bremsen. Ich engagiere mich eben für meine Ideen! Dass es Menschen gibt, denen *alles* gleichgültig ist, werde ich nie verstehen können! Aber ich versuche immer, es mit meiner Hartnäckigkeit nicht zu übertreiben, um mich nicht zu verrennen."

Luca entgegnete: „Das mag ich so an dir, dass du nicht so leicht aufgibst."

Grace drehte den Spieß um und fragte: „Und welche Gratwanderung hat dich dein Leben lang beruflich begleitet?"

Luca antwortete: „In meinem Beruf ist es problematisch, die notwendige Balance zwischen Übermut und Vorsicht zu finden. Beide Extreme bergen Risiken. In schwierigen Situationen braucht es ein gewisses Maß an Courage, um sein Ziel zu erreichen. Manchmal ist aber eine gewisse Angst angebracht, um keine Fehler zu machen."

Grace nickte. „Und was gehört sonst so zu deinen Stärken und Schwächen?"

Luca gluckste. „Ist das jetzt hier ein Bewerbungsgespräch? Ich will mal nicht so sein, Frau Oberlehrerin. Ich denke, zu meinen positiven Charaktereigenschaften gehört, dass man sich auf mich verlassen kann, und dass ich Werte wie Loyalität und Respekt sehr schätze. Meine negativen Eigenschaften? Na, ja. Ich denke, ich bin schon immer ein stiller Einzelkämpfer gewesen. Da bin ich eher nicht so stolz darauf. Und dann habe ich manchmal meine Emotionen etwas zu sehr im Griff."

Grace unterbrach ihn: „Du hast noch eine schlechte Eigenschaft vergessen."

Luca zog die Augenbrauen hoch.

Grace ergänzte: „Du schnarchst."

Luca musste lachen. „Das ist keine Charaktereigenschaft, das ist eine körperliche Schwäche. Das gilt nicht. Jetzt bist du aber dran."

Grace überlegte kurz. „Ich bin eher ein sehr kommunikativer Mensch, da ergänzen wir uns also wunderbar." Luca grinste. Grace machte weiter: „Meine Emotionen habe ich meistens im Griff, aber nicht immer. Ich gehe die Dinge gern logisch an und bringe sie dann auf den Punkt. Aber manchmal bin ich zu direkt ... Muss wohl mehr darauf achten, die anderen mitzunehmen."

Luca gefiel es, dass sich auch Grace einen selbstkritischen Blick bewahrt hatte. Er flüsterte: „Du darfst mich gerne jederzeit mitnehmen." Grace lächelte selig.

Bevor sie einschlief, säuselte sie noch: „Fühle mich bei dir geborgen."

Kapitel 45

Luca war zum Chef des Russland-Ressorts ernannt worden. Sie arbeiteten aktuell intensiv an einer Strategie, wie sich Deutschland besser gegen die russischen Hackerangriffe schützen konnte, die inzwischen überhandgenommen hatten. Einer seiner Mitarbeiter war auf Hinweise gestoßen, dass ein Angriff auf sämtliche deutsche Banken kurz bevorstand.

Kurz nach Übernahme seiner neuen Position hatte Luca beim Leiter des BND vorgesprochen und ihn über die unliebsamen Eisenchlorid-Konzentrationen in den tieferen Wolkenschichten informiert. Er erklärte ihm, dass diese Maßnahmen als Counter-Geo-Engineering eingesetzt worden waren. Dass der Verantwortliche dafür höchstwahrscheinlich in der Region um das Australasiatische Mittelmeer zu suchen war, wusste er ja von Grace. Luca überlegte gemeinsam mit seinem Chef, was sie dagegen unternehmen konnten. Zunächst einmal mussten sie herausfinden, woher die hohen Salz-Konzentrationen kamen. Die für Asien und Australien zuständigen Abteilungen wurden beauftragt, dafür möglicherweise verantwortliche Frachter zu lokalisieren. Dazu versuchten deren Mitarbeiter die Satellitenbilder der letzten Wochen von den großen Häfen auszuwerten und zu schauen, in welcher Reederei es Auffälligkeiten gab. Nachdem Vietnam als Quelle identifiziert worden war, galt es, die Möglichkeiten des Geheimdienstes gegen die der Diplomatie abzuwägen. Die Schiffe liefen unter liberianischer und panamaischer Flagge. Der Nachschub wurde über kleinere Kutter organisiert, um sie abzuschotten. Sie legten also nicht in irgendeinem Hafen an. Mitten auf dem Meer kam man schwer an sie ran, ohne großes Aufsehen zu riskieren.

Der BND-Chef schlug vor, das Ganze besser diplomatisch voranzutreiben. Er informierte das Außenministerium. Der

Kontakt nach Vietnam lief dann aber ins Leere. Dort stritt man alles ab. Lucas Chef informierte daraufhin den deutschen Bundeskanzler. Seine Generalsekretärin bekam den Auftrag, im Dezember einen Staatsbesuch zu organisieren, wo dieser kritische Eingriff am Rande angesprochen werden konnte. Sollte das fehlschlagen, wäre der nächste Schritt ein gemeinsames Gipfeltreffen unter Federführung der UN.

Luca beschloss, Grace von diesen ganzen Entwicklungen nichts zu erzählen, zumal es auch keine konkreten Erfolge gab. Als Ressortleiter fühlte er sich außerdem seiner Geheimhaltung inzwischen noch mehr verpflichtet.

Sollte Grace auf eindeutige Beweise für die höhere Ausbringung von Kalk stoßen, würde Luca seinen Chef auch wegen der Machenschaften der US-Amerikaner einschalten.

Kapitel 46

Grace musste jetzt endlich die weitere Strategie mit ihrem Institutsleiter abstimmen. Ihre Forschungsgruppe stand kurz vor der Veröffentlichung ihrer Ergebnisse, auch wenn sie noch nicht begeistert von den Resultaten waren. Es gab immer einzelne Verlierer-Staaten. Ganz egal, wie oft sie die Rechner mit neuen Parametern speisten. Das lag einfach daran, dass die Kompensationseffekte bezüglich der Niederschlagsmuster beider Geo-Engineering-Methoden begrenzt waren.

Sicher wurde das kein leichtes Telefonat mit Delaware! Der Verdacht mit der 1,5-fach erhöhten Dosis der amerikanischen Mission hatte sich inzwischen erhärtet. Seit zwei Monaten konnten sie das immer präziser in Urs Adlers Hochrechnungen der Satellitendaten erkennen. Grace glaubte, dass ihr Chef dahintersteckte. Dies war vielleicht vor dem Hintergrund rein amerikanischer Interessen geschehen. Und nun schlug ihr Team eine Lösung vor, die einen globalen Ausgleich schaffen sollte. Das würde ihm bestimmt nicht gefallen.

Grace versuchte es mit dem Handy, das Luca ihr besorgt hatte. Dann konnte er sie nicht wieder wegdrücken. Durch das Fenster ihres Genfer Hotels sah sie die Dämmerung heraufziehen. An der Westküste müsste jetzt gerade früher Morgen sein. Sie ließ es mehrfach klingeln. Endlich hob Delaware ab. „Ja, mit wem spreche ich?"

„Hier ist Grace Anderson. Ich habe mir ein neues privates Smartphone zugelegt."

„Aha. Delaware am Apparat. Ist der unbezahlte Urlaub schon vorbei? Ihr dienstliches Telefon ist hoffentlich nicht in falsche Hände geraten?" Er pflegte seit jeher keinen besonders guten Umgangston mit seinen Mitarbeitern.

Grace antwortete: „Nein, es spinnt nur ein wenig herum. Warum sollte ich mir Sorgen machen wegen des Gerätes? Alles ist verschlüsselt." Das war ein merkwürdiger Auftakt des Gesprächs. Was machte sich ihr Chef Sorgen über ihr Diensthandy?

Grace wollte erst einmal ihr eigentliches Anliegen vortragen. Sie begann möglichst unverblümt: „Weswegen ich Sie sprechen wollte, ist etwas anderes. Es gibt Hinweise, dass die Transport-Flugzeugflotte mehr Kalk in der Stratosphäre verteilt, als ich in meinen Simulationen vorgeschlagen habe. Stimmt das? In der Planungsphase kannte ich eine notwendige Kapazität von fünfzig Flugzeugen. Präsident Walker hat von fünfundsiebzig gesprochen."

Delaware stutzte einen Moment. Es folgte eine sehr lange Kunstpause. Dann antwortete er in einem leiseren und langsameren Tonfall, als sie es von ihm gewohnt war.

„Äähm. Vielleicht hat unser Präsident sich dort einfach versprochen. Keine Ahnung."

Grace hatte mit so einer Antwort gerechnet. Bestimmt wollte er sich rausreden.

Sie legte nach: „Ich sehe da noch ein zweites Problem. Sie kennen ja die irritierenden Meldungen aus den Überwachungsflügen. Ich meine die Substanzen zur Wolkenaufhellung in der Ebene der marinen Schichtwolken. Es besteht die Gefahr, dass wir die Eingriffe weltweit übertreiben. Wir müssen unsere Dosis drosseln! Ich hatte Ihnen im August die Presseerklärung von Urs Alder mit meinen dringenden Empfehlungen gemailt. Ihre Sekretärin sagte, Sie würden sich umgehend darum kümmern. Was haben Sie diesbezüglich inzwischen erreicht? Unserem ganzen weiteren Schriftverkehr konnte ich keine konkreten Schritte entnehmen. Warum ignorieren sie seit mehreren Wochen meine Anrufe?" Wieder kam nicht sofort eine Reaktion. Delaware schien verunsichert zu sein. „Sie waren ja im Urlaub. Das hatte keine Priorität."

Grace war wütend, dass ihm das alles anscheinend egal war: „Für mich sieht es so aus, als ob nicht zuletzt die überhöhte amerikanische Dosis die Gegenwehr eines anderen Landes provoziert hat. In der Region um das Australasiatische Mittelmeer hat sich die Gefahr von starken Niederschlagsverschiebungen dadurch noch mal erhöht. Sie können das doch nicht alles einfach so laufen lassen! Ich werde mich über Ihre Tatenlosigkeit direkt bei Ihrem Chef beschweren! Meiner Meinung nach müssen wir als Wissenschaftler jetzt eine global ausgewogene Lösung vorschlagen, sonst gerät das Ganze völlig außer Kontrolle! Und genau das werde ich zusammen mit einer kleinen Genfer Forschungsgruppe in der nächsten Woche tun. Wir werden dazu auch die ganze Vorgeschichte offenlegen."

Delaware hatte versucht, allen Konflikten aus dem Weg zu gehen und anschließend probiert, das Problem auszusitzen. Als CIA-Chef Parker vor knapp zwei Jahren wissen wollte, wie sich die Dosis für die Vereinigten Staaten weiter optimieren ließ, hatte er bereitwillig die entsprechende Simulation von Grace Anderson besorgt. Ihm war schon klar, dass das jetzt alles zusammen mit dem Eisenchlorid übers Ziel hinausschoss. Aber wenn er das gemeldet hätte, wäre er sofort als Schuldiger ausgemacht worden. Er hatte Angst, dass er damit seine Karriere ruinieren würde. Jetzt kam ihm auch noch Grace Anderson in die Quere! Da blieb nur noch die Flucht nach vorn. Sie würde jetzt das Bauernopfer werden!

Delaware wurde laut: „Misses Anderson, Sie haben ja völlig den Faden verloren! Wir müssen die beste Lösung für Amerika anstreben. Und das ist auch Ihre Aufgabe als Angestellte meines Instituts! Sie versuchen, mir zu drohen? Das war ein Fehler. Sie sind gefeuert!" Delaware würgte das Gespräch ab und legte einfach auf.

Grace war zwar irritiert, aber nicht geschockt. Urs hatte mit seiner Vermutung ins Schwarze getroffen. Jetzt war klar, auf welcher Seite Delaware stand. Die Fronten schienen geklärt. Vielleicht war das ja auch gut so.

Kapitel 47

Der Leiter der Spezialeinheit des GRU wurde zu seinem turnusmäßigen Termin im Kreml erwartet.
Präsident Iwanowitsch hatte sich inzwischen wieder etwas beruhigt. Victor Koslow konnte ihn überzeugen, dass Luca Barbieri im Moment lebend für sie mehr wert war als tot. Als Leiter der russischen Abteilung beim BND hatte er Zugriff auf wertvolle Informationen. Außerdem war sein Kontakt zu der amerikanischen Wissenschaftlerin von Nutzen. So konnten sie verfolgen, wie es mit dem Thema Geo-Engineering weiterging. Das Wissen über den Anschlag auf das Cosmodrom ließ sich später sicher noch gewinnbringend einsetzen.
„Was gibt es Neues?", fragte Präsident Iwanowitsch.
Victor Koslow antwortete: „Gestern hatte Grace Anderson Kontakt mit ihrem Institutsleiter Delaware. Er scheint verantwortlich für eine Überdosierung der amerikanischen Stratosphären-Mission zu sein. Damit haben sich die Amerikaner selbst bessergestellt und andere Länder benachteiligt. Es zeichnet sich außerdem ab, dass irgendeine andere südasiatische Nation mit irgendwelchen Wolkenaufhellungssubstanzen versucht, sich quasi gegen den amerikanischen Eingriff zu wehren.
Anderson hat probiert, Delaware von einer fairen globalen Lösung zu überzeugen. Eine, die sich am Wohle aller orientiert. Leider mit negativem Resultat. Delaware hat sie sofort rausgeworfen."
Der russische Präsident versuchte, sich einen Reim auf die Neuigkeiten zu machen. Die Amerikaner hatten mal wieder ein globales Chaos ausgelöst! Das war ja nichts Neues.
„Bleiben Sie an Delaware dran und informieren Sie mich sofort, wenn es weitere Informationen gibt! Das kann ja durchaus heikel werden, wenn jetzt die ganze Welt dort mitspielt. Vielleicht müssen wir da bald mal reingrätschen."

Victor Koslow war aus der Schusslinie. Präsident Iwanowitsch konzentrierte sich inzwischen wieder auf die Weltpolitik und nicht mehr auf seine Karriere beim Geheimdienst.

Ilja Iwanowitsch war im Süden Sibiriens groß geworden. Sein Berufsweg hatte er als Adjutant des Bürgermeisters begonnen. Er lernte schnell und regelte ganz geräuschlos alles, was in der Verwaltung einer Klärung bedarf. Der Bürgermeister erkannte sein Talent und empfahl ihn nach Moskau weiter.
Mit dreiundzwanzig Jahren bekam Iwanowitsch die Gelegenheit, in der Parteizentrale weiter ausgebildet zu werden. Stolz nahm er das Angebot an. Seine unkomplizierte und verschwiegene Art bescherte ihm eine steile Karriere. Er diente immer zunächst der Partei, bevor er an sich dachte.
Mit dreißig Jahren heiratete er die Tochter eines Getreuen Putins, die er am Rande eines Tagungstreffens kennengelernt hatte.
Ilja Iwanowitschs Art, Probleme unauffällig zu lösen, war sein Markenzeichen geworden. Er stellte niemals dumme Fragen. Das fiel auch dem russischen Präsidenten auf. Mit fünfundvierzig Jahren übertrug man ihm die Koordination aller Aktivitäten bezüglich sogenannter Aktivisten wie Skripal und Nawalny, die in den Augen Putins nur versuchten, Russland zu destabilisieren.
Auch Iwanowitsch sah in diesen Personen Staatsfeinde.
Plötzlich waren sie von der Bildfläche verschwunden. Ilja Iwanowitsch hingegen wurde nach ganz oben katapultiert und bald als Nachfolger Putins gehandelt. Es dauerte noch weitere zehn Jahre, bis die Parteiführung ihn dann ganz offiziell für das Präsidentenamt vorschlug.

Kapitel 48

Grace fuhr – wie immer in den letzten paar Monaten – ins Universitätsbüro von Urs Alder. Dort wollten sie heute alle zusammen auf die neuesten Simulationen schauen, die Urs am Abend zuvor gestartet hatte.

Im Treppenhaus auf dem Weg in sein Büro wurde sie von CIA-Chef Parker am Telefon überfallen. „Misses Anderson, was ist in sie gefahren? Mister Delaware hat mich informiert und mir Ihre neue Telefonnummer mitgeteilt. Sie wissen, dass alles, was Ihre Arbeit betrifft, der amerikanischen Geheimhaltungspflicht unterliegt? Dieses Papier haben Sie zu Beginn Ihrer Forschungskarriere unterschrieben. Sie können nicht einfach irgendetwas veröffentlichen, das nicht mit uns abgestimmt ist! Dann müssen wir Ihnen dafür die Approbation entziehen. Und Sie kassieren außerdem eine satte Gefängnisstrafe für Geheimnisverrat."

Grace war noch gar nicht zu Wort gekommen. Es knackte und rauschte in der Leitung. Nach dieser Drohung wusste sie nicht mehr, was sie antworten sollte. Tausend Gedanken schossen durch ihren Kopf. Mit dem Anruf bei Delaware hatte sie herausfinden wollen, auf wessen Seite er stand.

Klar hatte sie ihm ihre Meinung gegeigt. Die Entlassung war okay. Aber diese Geschütze, die Parker jetzt auffuhr, das ging zu weit. Grace kämpfte im Gegensatz zu ihm bisher mit offenem Visier. Vielleicht sollte sie ihre Taktik ändern. Sie konnte Urs ja immer noch aus dem Hintergrund beraten. Und dann war sie nach außen gar nicht sichtbar.

Jetzt wusste sie intuitiv, was sie Parker antworten sollte: „Ich werde nichts dazu veröffentlichen! Wo denken Sie hin? Schließlich habe ich ja eine Geheimhaltung unterzeichnet."

Parker war noch nicht zufrieden. Er bohrte weiter in der Vergangenheit. „Wem haben Sie noch von Ihren falschen

Annahmen bezüglich der erhöhten Kalkkonzentrationen erzählt? Und wo ist die undichte Stelle bezüglich dieser Wolkenaufhellung? Wir werden Ihr komplettes Leben auf den Kopf stellen, wenn Sie nicht auspacken."

Grace bekam Angst. Sie konnte unmöglich von Luca erzählen. Er hatte zwar den Schaden auf der russischen Seite begrenzt. Aber würde Parker glauben, dass das alles war? Der Verdacht läge nahe, dass er auch mit den Geheimdiensten in Kontakt war, auf deren Konto das Counter-Geo-Engineering ging. Grace hatte bezüglich Luca die unterschriebene Geheimhaltung definitiv verletzt. Sie würden sie dafür zur Rechenschaft ziehen. Grace schwieg. Parker setzte noch mal an: „Wir haben herausgefunden, dass Sie auf der letzten Tagung mit einer vietnamesischen Wissenschaftlerin zum Essen verabredet waren. Linh Nguyen heißt sie. Was haben Sie ihr erzählt?"

Grace war völlig durcheinander. Parker würde nicht aufhören, bis er irgendeinen Hinweis von ihr bekam. Ihr war übel. Parker hatte Erfahrung damit, Menschen unter Druck zu setzen. Er grätschte ein drittes Mal nach. „Wir können Ihnen alles nehmen, was Ihr Leben lebenswert macht. Das wissen Sie." Diese Ansage war zwar sehr nebulös. Aber das machte sie nur umso bedrohlicher. Wenn sie das mit Luca rausfinden würden – nicht auszudenken! Sie versuchte, ihm einen ganz kleinen Brocken hinzuwerfen: „Wir haben an dem Abend nicht viel über die Arbeit geredet. Ich glaube aber, sie wäre in der Lage, diese Methode der Wolkenaufhellung ausreichend für einen Einsatz zu präzisieren."

Parker reichte das nicht: „Was heißt hier präzisieren? Sind es die Vietnamesen, die dieses Chaos ausgelöst haben?"

Grace dachte an ihr Gespräch mit Urs. „Ja, davon ist auszugehen. Das Australasiatische Mittelmeer war in den Simulationen am stärksten von den Nebenwirkungen betroffen." Als sie es ausgesprochen hatte, kamen ihr bereits Zweifel. Es konnten zum Beispiel auch die Chinesen gewesen sein.

Aber dafür hatte sie noch weniger konkrete Anhaltspunkte. Das Gespräch war beendet. Aber Parker ließ sie jetzt endlich in Ruhe.

Kapitel 49

General Cheng Zhang war voll im Bilde. Grace war ihnen in die Fänge gelaufen, weil sie sich am Comer See dieses chinesische Prepaid-Handy für den Kontakt mit Luca gekauft hatte. Bei der Standardüberwachung war das Gespräch mit Delaware aufgefallen. Und zwar hatte der militärische Abschirmdienst seit neuestem das Codewort ‚Wolkenaufhellung' auf der Liste der zu analysierenden Telefonate ergänzt. Von da an wurden alle Anrufe, Bewegungsprofile und Surfgewohnheiten von Grace lückenlos vom chinesischen Geheimdienst ausgewertet. Das Telefonat mit Parker war dann ein Volltreffer. Als die Meldung an den General herausging, befand er sich gerade in der Militärakademie in Beijing.

Zhang versuchte, umgehend den Außenminister zu erreichen. Dieser unterbrach daraufhin sein Mittagsbankett und bat den General in einen extra für solche Gelegenheiten reservierten Nebenraum. Das Séparée wirkte durch die Dekoration mit mehreren gerahmten Spiegeln wesentlich größer. Die Stühle aus weiß gebeiztem Zedernholz, auf denen sie sich direkt gegenübersaßen, waren mit rotem Samt bezogen. Sie servierten für Zhang ein paar Reishäppchen.

Beide waren sich schnell einig. Es musste alles unternommen werden, damit die Situation unter Kontrolle blieb. General Cheng Zhang erhielt dafür sämtliche Befugnisse. Er schlug das Angebot aus, noch bis zum Nachtisch zu bleiben. Stattdessen fuhr er zurück in die Militärakademie und diktierte umgehend einen Befehl zur Rund-um-die-Uhr-Überwachung von Grace Anderson.

Ihren Standort konnten sie relativ einfach herausfinden. Der chinesische Abschirmdienst hatte schon seit ewigen Zeiten den Zugang zu *The Way 4 you*, das frühere *Google Maps* geknackt. Und ohne diese Monopol-App kam in der westlichen Welt heute kaum noch jemand aus. Sechs Stunden später bezogen die ersten Posten vor Urs Institut Stellung. Sie folgten Grace abends bis zum Apartment.

Der chinesische Geheimdienst versuchte auch Parker ins Visier zu nehmen, das war aber bei einem Chef eines Geheimdienstes ungleich schwieriger. Alles lief über verschlüsselte Kanäle und über Mittelsmänner. Normalerweise kam man an Personen dieses Kalibers nur schwer heran. Aber Parker hatte sich direkt eingemischt. TOTAL RESET musste beim amerikanischen Präsidenten eine hohe Priorität besitzen, sonst wäre ihm dieser Fehler nicht unterlaufen.

General Zhang ging wieder an seine Arbeit zurück. Der Westen war ihnen jetzt möglicherweise auf den Fersen. Aber wenn die Vereinigten Staaten keinen Alleingang unternommen hätten, wäre diese ganze Situation gar nicht so weit eskaliert. Die amerikanische Wissenschaftlerin hatte ja Gutes im Sinn, aber durch sie geriet die Lage jetzt völlig außer Kontrolle. Sich so gegen ihre Vorgesetzten aufzulehnen, das hätte sich in seinem Land niemand getraut!

Cheng Zhang war als Sohn eines Mitglieds des Zentralkomitees auf die Welt gekommen. Er kannte nichts anderes als Disziplin. Damit war er groß geworden. Am meisten litt er darunter, dass ihm seine Schulkameraden nicht normal begegneten, sondern immer das Amt seines Vaters im Hinterkopf hatten.

Als Zhang siebzehn Jahre alt war, entschied sein Vater, dass er eine Militärkarriere einschlagen sollte. Zu protestieren war zwecklos. Ihm blieb nichts anderes übrig, als sich zu fügen.

Kapitel 50

Der CIA-Chef hatte das Gespräch mit Grace beendet. Es war korrekt, dass Delaware sie entlassen hatte. Was erlaubte sich diese Person eigentlich?
Parker musste sofort den amerikanischen Präsidenten sprechen. Das war wie immer schwierig. Aber die Lage eskalierte. Delaware hatte ihm erläutert, dass dieses Eisenchlorid die amerikanische Klimakorrektur zunichtemachen könnte. Die Zerstäubung erfolgte mit Hilfe von Schiffen. Irgendjemand musste Vietnam jetzt in die Schranken weisen. Es lag doch auf der Hand: Je schneller sie eingriffen, umso weniger Schaden konnten die Vietnamesen anrichten. Bezüglich dieser Gedankenspiele hatte er Delaware allerdings nicht eingeweiht.

Parker hinterließ beim Präsidenten die Nachricht, dass es eine Störung bezüglich der Stratosphären-Mission gab. Nach dreißig Minuten rief der Präsident erbost zurück. Wie immer wurde Parker erst einmal angepflaumt: „Was fällt Ihnen ein, mich wieder zu behelligen?!"
Parker versuchte, ruhig zu bleiben: „Leider gibt es sehr schlechte Nachrichten! Und die sind brandneu. Aber noch können wir Schlimmeres verhindern! Vietnam konterkariert unseren Eingriff mit Kalk-Aerosolen in der Stratosphäre durch Eisenchlorid-Injektionen in den tieferen Wolkenschichten. Schiffe sprühen das Salz in der Umgebung des Australasiatischen Mittelmeeres in die Luft. Sie versuchen angeblich damit, eine Trockenheit in ihrem Land aufzuhalten. Der Leiter des Harvard-Institutes schließt nicht aus, dass deren Eingriff auch Auswirkungen auf den nordamerikanischen Kontinent haben kann."
Walker begriff nicht sofort. Wer wollte ihm jetzt den ganzen weltweiten Erfolg kaputtmachen? Sie hatten doch das Klimaproblem exzellent gelöst. Die Angst vor Aufständen war

Geschichte. Und jetzt trauten sich die Vietnamesen, sich einzumischen? Unglaublich! Eigentlich ging es doch darum, die Temperaturen herunterzubekommen! Was sollte das jetzt mit der Trockenheit? Er verstand nur Bahnhof.

„Sie reden in Rätseln. Was erlauben sich die Vietnamesen? Wie können wir das unterbinden?"

Jetzt hatte Parker seine Aufmerksamkeit: „Wir müssen die Schiffe an ihrer Arbeit hindern. Daran führt kein Weg vorbei."

Der Präsident antwortete: „Dann regeln Sie das einfach!"

Parker war zufrieden. Der Präsident hatte einen klaren Auftrag erteilt. Diesmal war endlich wieder alles optimal gelaufen. Ihm oblag die alleinige Befehlsgewalt in dieser Sache. Er hatte Oberwasser. Das sollte ein Meilenstein in seiner weiteren Karriere werden.

Kapitel 51

Grace hatte sich nach dem Telefonat im Flur vor Urs Alders Universitätsbüro erst einmal fangen müssen. Sie hatte Parker die Schuld der Vietnamesen auf einem goldenen Tablett serviert. Sollte sie sich mit einem schlechten Gewissen quälen? Nein. Diesen Gedanken wiegelte sie ab. Sie hatte nur sich selbst und ihren Liebsten geschützt. Grace traute sich nicht, Urs etwas von dem Telefonat mit Parker zu erzählen. Das hätte sonst bestimmt ihre weitere Zusammenarbeit behindert. Irgendeine plausible Erklärung, warum sie nicht offiziell bei der Veröffentlichung auftauchen wollte, würde ihr bestimmt noch einfallen. Sie versuchte, sich zehn Minuten auf der Damentoilette zu sammeln, und ging dann in Urs Büro.

Heute stand die finale Datenanalyse der neuesten Simulationsergebnisse an. Urs hatte vor gut acht Monaten vier weitere Kolleginnen und Kollegen für diese gemeinsame Aufgabe gewinnen können. Aus Solna waren zwei Schwedinnen von der Weltraum-Kooperation zu ihnen gestoßen. Sie hatten die Vorbereitung der Pilotversuche zur Stratosphärischen Aerosol-Methode in ihrem Land begleitet. Die beiden anderen Forscher kamen aus England und Südafrika. Dort hatten sie schon länger an der Methode der Wolkenaufhellung gearbeitet. Sie besaßen eine mathematische beziehungsweise eine meteorologische Ausbildung.

Zehn Monate nach dem Start von TOTAL RESET stand die Forschungsgruppe nun endlich vor einem präsentablen Ergebnis. Sie hatten ihre Simulation in drei Schritten optimiert. Im Herbst war es dem englischen Kollegen gelungen, in ihre Rechenweise die ganzen Verdunstungsdaten zu integrieren. Die Feuchtigkeitsverluste lagen nämlich in warmen Ländern höher, als die in den kalten. Diese Bereinigung sollte bei einer

Anwendung ihres Vorschlages zu einem gerechten Kompromiss beitragen.

Zu Jahresbeginn hatten sie dann die ersten Simulationen mit Graces Idee der relativen Verluste gestartet. Dadurch wurden die Probleme der Länder besser berücksichtigt, in denen sowieso schon wenig Niederschlag fiel. Das ergab eine noch fairere Verteilung der limitierten Regenmengen. Wenn sie schon bestimmte Staaten benachteiligen mussten, sollte das zumindest nach transparenten Regeln geschehen.

Im Februar hatte die schwedische Kollegin schlussendlich noch saisonale Faktoren eingeführt. So konnten sie bewerten, wie gleichmäßig die Regenmengen insbesondere in den Monaten der vegetativen Wachstumsphasen waren.

Heute, an diesem sonnigen Morgen Anfang April, wollten sie die letzten Daten gemeinsam sichten und mit ihren bisherigen Erkenntnissen abgleichen. Dem südafrikanischen Kollegen war dabei noch ein Fehler aufgefallen. Deshalb mussten sie noch eine weitere Rechenschleife starten.

Grace war mit den Gedanken nicht wirklich bei der Sache. Sie grübelte darüber nach, ob sie Luca über den Anruf von Parker ins Bild setzen sollte. Aber erst einmal wollte sie die letzte Auswertung abwarten, die der Rechner gerade für zwanzig Uhr angekündigt hatte. Eine der schwedischen Kolleginnen musste morgen aus privaten Gründen abreisen, deshalb wollten sie sich heute Abend unbedingt noch die allerletzten Ergebnisse gemeinsam anschauen.

Es war kurz vor Mittag. Sie gingen alle zusammen in die Mensa. Es gab Püree mit Eiern in Senfsauce, eigentlich eines von Graces Leibgerichten. Doch sie aß kaum etwas. Ihr war immer noch der Appetit vergangen.

Sie unterhielt sich mit Urs über das Greenwashing vieler Firmen, das beide immer mehr nervte. Gestern hatte Grace wieder eine beidseitige Anzeige eines Gasproduzenten in einer Tageszeitung entdeckt. Die fossile Industrie konnte es ein-

fach nicht lassen! Sie erklärten Erdgas für Grün, auch wenn sie nur minimal synthetisches Gas beimischten. Dass es immer noch riesige Methanleckagen bei der Förderung gab, wurde unter den Tisch gekehrt. Wenn diese mit hineingerechnet würden, war Erdgas kaum besser als Kohle. Trotzdem reichten ein paar Fotos von ein paar Windrädern aus der Nordsee, bei dem Wasserstoff gewonnen wurde, und schon konnte man damit die Werbetrommel rühren.
Frustrierend war, dass immer noch so viele Menschen auf diese manipulativen Werbestrategien reinfielen. Viele nahmen sich nicht die Zeit, sich wirklich mit den Fakten zu beschäftigen, weil sie in ihrem Alltagstrott festhingen.

Nach dem Mittagessen kehrte die ganze Forschungsgruppe zurück in den Besprechungsraum, den Urs kurzerhand zum Büro umfunktioniert hatte. Irgendwie mussten sie jetzt am Nachmittag den Leerlauf überbrücken, bis der Computer die letzten Simulationsergebnisse ausspucken würde.
Grace hatte ihre Mails abgerufen und war über eine neue Klimastudie gestolpert. Sie brütete über der Übersetzung und knabberte nebenbei an einem Müsliriegel, weil sie jetzt doch noch Hunger bekam. Urs versuchte, sich auf seine morgigen Vorlesungen vorzubereiten. Vor einer Weile war es schon wieder dunkel geworden. Die anderen Kollegen holten sich gerade Kaffee am Automaten. Es ging allmählich auf zwanzig Uhr zu, als plötzlich auf Urs und Graces Handy die gleichen Breaking News hochploppten: „Amerikanische Lockheed F40 bombardieren vietnamesische Schiffe vor Indien und Taiwan." Grace fiel ihr Müsliriegel aus der Hand.

Kapitel 52

Parker stand über Satellitentelefon in direktem Kontakt mit dem Admiral des Flugzeugträgers, der sich in der Nähe des Australasiatischen Mittelmeers befand. Zunächst mussten sie die Koordinaten der vietnamesischen Schiffe mit den auffälligen Zerstäubungszylindern an Bord ermitteln. Das war eine ihrer leichtesten Übungen.

Nach einer etwa zehnstündigen Vorbereitung hatten die Lockheed F40 kurz vor Morgengrauen den Startbefehl vom Militärstützpunkt Guam im Pazifik bekommen. Es sollte zunächst nur Warnansagen geben. Die Mission lief bei allen dreißig inzwischen bis in den Indischen und Pazifischen Ozean vorgedrungenen Frachtern parallel. Sämtliche Beteiligte hofften darauf, dass die Vietnamesen einsichtig waren und die Salz-Zerstäubungen beendeten. Wenn sie keine Vernunft annehmen würden, waren Warnschüsse vereinbart. Mehr war nicht verabredet. Es handelte sich ja nur um eine zivile Flotte.

Doch plötzlich eröffnete einer der Frachter aus heiterem Himmel ein Flakfeuer auf die F40, die ihn bedrohte. Die Maschine wurde am Flügel leicht getroffen und geriet einen Moment lang ins Schlingern. Der Pilot fackelte nicht lange. Er aktivierte die beiden Torpedos, die er an Bord hatte, und drückte den Abwurfknopf. Beide Geschosse suchten sich ihren Weg und trafen das Schiff. Die Crew geriet in Panik. Sie versuchte, den Frachter zu verlassen. Zum Glück waren alle von Bord, als dieser zwanzig Minuten später unter heftigem Gurgeln des Meeres versank.

Parker und der Admiral hatten sich direkt nach dem Torpedoeinschlag kurz abgestimmt. Dann kam vom Admiral das Kommando, die anderen neunundzwanzig Frachter möglichst schnell in einen funktionsunfähigen Zustand zu versetzen. Sämtliche Salzinjektionstechnik der Vietnamesen

wurde im Bombenhagel zertrümmert. Siebzehn Besatzungsmitglieder mussten schwer verletzt geborgen werden.
Alle F40-Maschinen waren zurück auf ihrem Weg zum Flugzeugträger.

Kapitel 53

Während er frühstückte, war General Cheng Zhang über Nien Duong informiert worden, dass einer der Zerstäubungsfrachter versenkt worden war. Sofort setzte er die chinesische Fliegerstaffel in Bewegung. Die F40, die den Torpedo abgefeuert hatte, wurde kurz darauf von den Chinesen vom Himmel geholt. Die anderen entkamen. Das komplette Militär in Südostasien war in Alarmbereitschaft. Indien und Japan versuchten, diplomatisch zu vermitteln. Präsident Walker rang hart mit seinen höchsten Militärs um eine Antwort auf den Abschuss der F40. Aber keiner seiner Leute wollte den Beginn eines Dritten Weltkriegs riskieren. Allein die Vorstellung eines solchen Kriegs war aufgrund der atomaren Möglichkeiten verheerend. Die neue Überschall-Flugtechnologie machte solch eine Situation noch unberechenbarer, als sie ohnehin schon war.

Eine Stunde nach dem Vorfall trat der amerikanische Präsident frustriert vor die Presse und begründete den Angriff. Es sei zu gefährlich, wenn mehrere Nationen gleichzeitig versuchten, das Klima zu korrigieren. Er betonte seine Verwunderung, dass ausgerechnet Vietnam Amerika damit provoziert hatte. Walker faselte etwas von dem Versuch später Rache, den Amerika vereitelt hätte.

Auch der chinesische Außenminister äußerte sich – sichtlich unausgeschlafen – in den Frühnachrichten des chinesischen Staatsfernsehens. Der Übersetzung konnte man entnehmen, dass China die Hoheit im asiatischen Luftraum stellvertretend für den ganzen Kontinent verteidigt hatte und dass es um den Kampf bezüglich der weltweiten Niederschlags- und Wasserreserven ging. Amerika könne nicht allein über das Klima entscheiden! Sonst wäre diese Reaktion sicher nicht die letzte ihrer Art.

Eine weitere Eskalation war nach diesem Zwischenfall erst einmal vom Tisch. Aber war aufgeschoben wirklich aufgehoben? Unter den weltweiten Diplomaten war die Verunsicherung groß. Sie werteten den Schlagabtausch als Auftakt einer neuen Ära der Klimakriege.

Kapitel 54

Grace war in Tränen aufgelöst. Der ganze Stress der letzten Tage suchte sich seinen Weg. Nur die damit befassten Wissenschaftler begriffen, dass das Ausschalten der Schiffe eine extrem gefährliche Aktion gewesen war. Das Klimasystem wurde dadurch ins Wanken gebracht. Die Vietnamesen hatten vor bald einem Jahr mit der Ausbringung des Eisenchlorids begonnen. Wenn man den Einsatz von Geo-Engineering-Methoden plötzlich unterbrach, gab es sprunghafte Klimaveränderungen. Die waren kritischer, als wenn man die Methoden gar nicht erst eingesetzt hätte. Gerade die Geschwindigkeit von Temperaturveränderungen war für die Natur ein Problem, weil sie versuchte, sich anzupassen. Der Abbruch der Wolkenaufhellungs-Methode konnte nicht so einfach wieder ausgeglichen werden, weil die Substanzen nur circa eine Woche in der Atmosphäre verblieben. Bei der Stratosphären-Methode hatte man mehr Zeit um Störungen abzufedern. Die Aerosole blieben mehrere Monate in der Atmosphäre.

Urs nahm Grace in den Arm. Er versuchte, sie erst einmal zu beruhigen.

„Diesen Schaden können wir sicher nicht so einfach reparieren. Was machen wir jetzt?", schluchzte Grace. Sie wusste nicht mehr weiter.

Urs fand keine passende Antwort. Er ließ Grace wieder los. Sie schwiegen eine Weile. Dann sagte Urs: „Wir können höchstens versuchen, unsere Simulationen noch mal darauf anzupassen. Aber die Datenlage ist inzwischen einfach zu konfus. Wir bräuchten jemand, der schon einmal Abbruchszenarien für die Wolkenaufhellung durchgerechnet hat und mehr von der entsprechenden Mikrophysik der Methode versteht. Wir bräuchten schnellstmöglich jemanden wie Linh."

Grace starrte Urs an. „Linh?"

„Ja, Linh! Sie ist die Einzige, die uns jetzt noch mit ihrer Expertise helfen könnte! Wir müssen unbedingt alles, was jetzt noch irgendwie an Schadensbegrenzung möglich ist, versuchen …"

Grace schaute auf den Boden. Sollte sie Urs jetzt von ihrem missglückten Treffen im Schweizer Restaurant erzählen und dass sie Linh an Parker verraten hatte? Das traute sie sich nicht. Bestimmt würde sowas größere Kreise ziehen … Sie antwortete nur: „Linh wird bestimmt nicht kommen."

Urs war anderer Meinung: „Wir können es doch zumindest mal probieren! Durch den Abschuss der vietnamesischen Frachter ist die Situation jetzt vielleicht eine andere. Eine bessere Idee habe ich nicht."

„Ja, dann probiere es einfach." Grace war völlig fertig und wollte nur noch zurück ins Hotel. Sie musste unbedingt mit Luca sprechen.

Kapitel 55

Linh Nguyen hatte in den Nachrichten die militärischen Auseinandersetzungen zwischen Vietnam, China und den USA verfolgt. Was für eine Riesen-Katastrophe! Kein anderer als sie konnte sich besser ausmalen, was der Abbruch der Methode jetzt bedeutete.

Woher hatten die Amerikaner diese Infos zu den Frachtern her? Na ja, heutzutage wurde weltweit so vieles überwacht. Wussten die Amerikaner auch von ihr? Sie bekam Angst.

Nachdem Linh morgens kurz ihren Chef informiert hatte, meldete sich am Institut offiziell krank und schloss sich zuhause ein. Sie war wie paralysiert.

Als sie mittags der Hunger überkam, ärgerte sich Linh über die gähnende Leere in ihrem Kühlschrank. Sie traute sich zunächst nicht, einkaufen zu gehen, geschweige denn, irgendwelche Lieferdienste an ihre Wohnungstür zu lassen. Aber das konnte so nicht weitergehen! Sie musste sich ihrer Angst stellen. Linh rang sich am frühen Nachmittag endlich dazu durch, ein paar frische Lebensmittel zu besorgen, um sich anschließend etwas Leckeres zu kochen. Dadurch würde sie auch auf andere Gedanken kommen. Sie zog sich ihren Flanellmantel an und ging vor die Tür.

Im Supermarkt angekommen, schaute sie sich ständig um. War sie hier noch sicher? Hatte der Mann an der Käsetheke sie gerade einen Moment zu lange angesehen? Nein. Was für ein Quatsch. Sie redete sich das alles nur ein.

Zu Hause packte Linh die Einkäufe aus und begann mit den Vorbereitungen der Mahlzeit, als plötzlich ihr Telefon klingelte. Sie erkannte die Nummer des vietnamesischen Ministerialdirigenten. Es war wohl besser, sie ging ans Telefon.

„Ja. Hier ist Linh Nguyen. Was kann ich für Sie tun?"

Nien Duong begann höflich: „Haben Sie etwas von dem feigen Anschlag der Amerikaner mitbekommen?"

Linh erwiderte: „Natürlich! Es war ja auf allen Nachrichtenkanälen."

Nien Duong schnaufte am anderen Ende der Leitung. „Der Stabschef macht Druck. Er vermutet eine undichte Stelle bei uns. Und auch die Chinesen, die uns im Luftraum verteidigt haben, fragen nach."

Linh legte völlig entgeistert die Reispackung beiseite, die sie gerade hatte öffnen wollen. „Aber wieso erzählen Sie mir das? Wollen Sie mir etwa unterstellen, ich hätte Informationen preisgegeben?!"

Nien Duong erwiderte: „Sie haben anfangs nur mäßig kooperiert und jetzt sind Sie nicht mehr zur Arbeit erschienen. Das kommt mir verdächtig vor."

Linh war verzweifelt. Jetzt fielen ihr schon die eigenen Leute in den Rücken. Und das, obwohl sie alles tat, was sie wollten. Wo war sie da nur reingeraten? „Ich habe niemandem auch nur ein Sterbenswörtchen erzählt. Das ist die ganze Wahrheit. Sie müssen mir das glauben."

Linh spürte, dass alle Beteuerungen ins Leere liefen.

Nien Duong erwiderte: „Etwas zu glauben, ist gut, es zu wissen, wäre aber noch besser."

Linh hatte keinen blassen Schimmer, was sie dazu sagen sollte. Sie versuchte, einfach noch eine wichtige Information loszuwerden: „Ich weiß nicht, ob mein Chef es Ihnen schon erläutert hat. Durch den Abbruch der Methode entstehen jetzt in sehr kurzer Zeit extreme Klimaveränderungen."

Nien Duong antwortete mit einem rüden Unterton: „Das erzählen Sie mal lieber Ihren amerikanischen Freunden!"

Linh konnte es nicht fassen! Am liebsten hätte sie den Ministerialdirigenten zur Ordnung gerufen. Aber das würde alles nur noch schlimmer machen. Sie verabschiedete sich höflich ohne weiteren Kommentar und legte auf.

Kapitel 56

Grace versuchte, ein paar klare Gedanken zu fassen. Sie hatte probiert, Luca zu erreichen. Der war nicht sofort ans Telefon gegangen, weil er eine wichtige Abendsitzung zum Update der russischen Außenpolitik im Nahen Osten nicht verlassen konnte. Eine Stunde später rief er zurück. „Grace, gut, dass ich dich erreiche! Alles in Ordnung bei dir?"
Es knackte in der Leitung. „Nein … Nicht wirklich … Hast du das mit der amerikanischen Fliegerstaffel mitbekommen?"
„Ja, sie haben kurz unsere Sitzung unterbrochen, um uns darüber zu informieren."
Grace erläuterte ihm, was das zu bedeuten hatte. „Das Klima ist jetzt außer Kontrolle. Niemand kennt sich genügend mit den Konsequenzen eines abrupten Abbruchs der Wolkenaufhellung aus. Die Einzige, die uns wahrscheinlich jetzt noch helfen könnte, wäre Linh Nguyen, die vietnamesische Wissenschaftlerin. Urs will sie anrufen. Die ganze Situation ist aber kompliziert. Wahrscheinlich hat sie an der vietnamesischen Lösung mitgearbeitet. Und heute Morgen habe ich dummerweise mit Parker über sie gesprochen."
„Was?", unterbrach Luca.
Grace wusste inzwischen, dass das falsch gewesen war. Jetzt musste sie endlich jemandem die Wahrheit erzählen. „Ich habe mich heute Morgen bei Delaware gemeldet, um mich wegen der Veröffentlichung abzustimmen. Er unterstützt die globale Idee nicht, deshalb sind wir aneinandergeraten. Auf jeden Fall muss ich mir jetzt einen neuen Job suchen. Aber egal. Jedenfalls rief Parker mich dann an und hat mich unter Druck gesetzt. Er wollte Namen wissen. Ich hatte Angst, er würde dahinterkommen, dass du eingeweiht bist. Das wollte ich nicht riskieren. Er wusste, dass ich mit Linh während der Konferenz zum Essen verabredet war. Dann

hat er mich eingeschüchtert und in die Enge getrieben. Ich sah keinen anderen Ausweg mehr, als seinen Verdacht bezüglich Linh zu bestätigen, den er mir in den Mund gelegt hatte. Du musst mir glauben! Ich wollte einfach nur, dass er uns beide in Ruhe lässt!"

Luca wollte Grace keine Vorwürfe machen. Aber das hörte sich alles nicht gut an. Hatten die Amerikaner deshalb heute die Frachter angegriffen? Wahrscheinlich war das der Grund! „Grace, hör jetzt genau zu! Ich glaube, Linh ist in Gefahr. Wenn sie euch bei den Simulationen helfen kann, dann solltet ihr sie so schnell wie möglich hierherholen. Ich kann vielleicht Personenschutz für sie organisieren. Aber bitte sag erst einmal niemandem etwas vom BND." Er machte eine kurze Pause, bevor er ergänzte: „Grace, und morgen früh besorgst du dir zuallererst ein neues Handy, und zwar ein abhörsicheres Kryptohandy. Hast du das verstanden?" Luca ärgerte sich schwarz, dass er nicht eher darauf gekommen war. Natürlich war er vom BND mit dieser Technik ausgestattet worden. Aber dass Grace ins Kreuzfeuer geraten könnte, hatte er verdammt noch mal nicht antizipiert! Er verzog sein Gesicht.

Grace war erst mal erleichtert, dass Luca wusste, was zu tun war. Vielleicht würde ja doch noch alles gut werden. Sie seufzte leise auf. „Ja, natürlich Luca. Danke. Für alles. Ich liebe dich."

„Ich liebe dich auch, mein Schatz." Luca hätte sie gern in den Arm genommen. Er machte sich Sorgen um Grace und nahm sich vor, so schnell wie möglich nach Genf zu fahren. Aus den diplomatischen Bemühungen seines Chefs, Vietnam und auch die USA wegen der Übersteuerung der Effekte an den UN-Verhandlungstisch zu bekommen, war bisher – außer wiederkehrenden Dementis – leider noch nichts Konkretes erwachsen. Lucas Laune war am Boden.

Kapitel 57

Linh Nguyen haderte sehr mit der ganzen Situation, in die sie da hineingeraten war. Als Jugendliche hatte sie sich für den Studienschwerpunkt Geo-Engineering entschieden, um mit diesen Methoden den Klimawandel in den Griff zu bekommen, wenn alles andere versagen sollte. Jetzt lief der Klimawandel durch diese Methoden aber noch mehr aus dem Ruder! Was war nur aus ihren Idealen geworden? Sie musste sich vor der Welt verstecken, weil sowohl die Amerikaner als auch die Vietnamesen ihr nicht mehr über den Weg trauten.

Linh saß mit einer Tasse grünem Tee in ihrer kleinen weißmöblierten Küche und versuchte, ihre Gedanken zu sortieren. So ging das nicht weiter! Ihre Nerven waren am Ende. Es fühlte sich alles nicht mehr richtig an. Sie brauchte irgendwie einen Plan.

Mitten in ihre Gedanken platzte erneut der Klingelton ihres Handys. Es war die Nummer von Urs Alder.

Linh zögerte einen Moment. Sollte sie rangehen? Oder etwa besser nicht? Was sollte das jetzt noch schaden?! Das Kind war eh in den Brunnen gefallen. Sie drückte den grünen Button und nahm das Gespräch an. „Ja, hier ist Linh Nguyen."

„Urs Alder am Apparat. Gut, dass ich Sie erreiche, in diesen stürmischen Zeiten."

Linh druckste ein wenig herum: „Ja ... stürmisch ist gar kein Ausdruck ... Weshalb wollen Sie mich denn sprechen?"

Urs musste irgendwie ihr Vertrauen gewinnen. Am besten, er erzählte von Graces und seiner Idee: „In den vergangenen zehn Monaten habe ich mit Grace Anderson und sechs weiteren Wissenschaftlerinnen und Wissenschaftlern versucht, einen Vorschlag auszuarbeiten, von dem möglichst viele Menschen profitieren. Wir hatten ja Indizien, dass die Dosis der amerikanischen Stratosphären-Mission höher war als

geplant. Das hat sich jetzt bewahrheitet. Und wie Sie wahrscheinlich der Presse entnommen haben, wussten wir seit Anfang Juli von den Eisenchlorid-Konzentrationen in den marinen Schichtwolken. Die Addition verschiedener Effekte ist gefährlich. Was wir jetzt brauchen, ist eine globale Lösung, unabhängig von den ganzen Partikularinteressen!"
Damit sprach er Linh aus der Seele. Aber konnte sie Urs trauen? Warum arbeitete er mit dieser amerikanischen Forscherin zusammen? Vielleicht war der Anruf eine Falle.
Linh sprach ihre Zweifel einfach aus, um zu sehen, wie Urs reagierte: „Das Militär der Vereinigten Staaten hat verhindert, dass Vietnam sich gegen die aufgezwungene Trockenheit wehrt. Wie kann ich Ihnen trauen, wenn Sie mit deren Wissenschaftlerin zusammenarbeiten?"
Urs merkte, dass es brenzlig wurde. Um Linh an Bord zu holen, versuchte er es mit folgendem Argument: „Ich hatte Sie ja im Juli in die Trockenheitsproblematik des Australasiatischen Mittelmeers eingeweiht. Sie haben das von mir. Grace und ich waren uns deshalb sicher, dass Vietnam das Eisenchlorid eingesetzt haben musste. Trotzdem haben wir das nicht öffentlich gemacht. Wir sind Wissenschaftler und wollen die beste Lösung für den ganzen Planeten. Die Politik missbraucht das Geo-Engineering aktuell leider zu ihren nationalen Zwecken. Damit haben wir nichts zu tun."
Linh hatte aufmerksam zugehört. Sie fragte: „Okay. Was genau wollen Sie von mir?"
Urs erläuterte: „Durch die Bombardierung der Schiffe haben wir einen Abbrucheffekt, den wir schwer einschätzen können. Auch mit der Mikrophysik der Wolkenaufhellung kennen wir uns nicht genügend aus. Wenn Sie in unser Team kämen, dann könnten wir unsere Simulationen auf die neue Situation anpassen. Und ich denke da sogar noch einen Schritt weiter: Hier in Europa befinden wir uns auf neutralem Boden. Wenn Experten aus den beiden Ländern, die gerade das Klima manipuliert haben, eine gemeinsame

Lösung auf den Tisch legen würden, das wäre sicher ein wichtiges Signal an die Weltgemeinschaft! Der Westen und der Osten würden dann zumindest auf dieser Ebene endlich wieder eine gemeinsame Sprache sprechen."

Linh begriff allmählich, worauf Urs hinauswollte. Vielleicht war das ja auch eine Lösung für all ihre persönlichen Probleme. Ja, genau! Sie sah plötzlich eine Chance für einen Neustart. Linh versuchte, alle ihre Karten auf den Tisch zu legen. „Ich fühle mich im Moment nirgendwo mehr sicher."
Urs probierte, eine Brücke zu bauen. „Sie können hier abtauchen, bis sich alles wieder normalisiert hat. Meine Schwester hat ein Wochenendhaus in der Nähe von Genf, das kann ich Ihnen als Unterkunft anbieten. Wir brauchen Sie hier! Niemand sonst hat so ein detailliertes Wissen in dieser Sache! Zusammen schaffen wir es vielleicht doch noch, einen Ausweg aus dem Dilemma zu finden?"
Linh war froh über Urs Wertschätzung. Vielleicht benötigte sie gar keine große Bedenkzeit, trotz ihrer Skepsis zu Beginn des Telefonats. Die letzten Tage waren so schrecklich gewesen! Sie konnte froh sein, dass sich jetzt ein Ausweg bot. Linh hörte auf ihre innere Stimme und gab sich einen Ruck. „Okay, ich komme nach Europa. „Ich melde ich mich noch einmal, wenn ich weiß, wann ich anreisen kann."
Urs hatte sie tatsächlich überzeugt. Seine Antwort klang ehrlich erleichtert: „Willkommen im Team. Die Entscheidung war die richtige. Da bin ich mir sicher. Schreiben Sie mir einfach eine Mail mit der Ankunftszeit. Wir organisieren die Abholung am Flughafen."
Linh war froh, die Gelegenheit beim Schopf ergriffen zu haben. Sie fühlte sich in Vietnam nicht mehr wohl und wollte so schnell wie möglich weg von hier. Der nächste Flug ging abends um einundzwanzig Uhr. Sie buchte kurzentschlossen online und schickte sofort die Ankunftsdaten an Urs Alder, der sie umgehend an Grace weitermailte.

Als Nächstes schrieb sie ihren Eltern einen Brief, den sie erst aus Europa abschicken wollte. Die ganzen Umstände ließen sich nur schwer erklären, ohne alles offenzulegen. Linh begründete ihre spontane Abreise mit einem grandiosen Jobangebot aus Europa, was ja auch irgendwie stimmte. Sie musste daran denken, dass sie seit dem Absturz ihres Bruders die einzige Hoffnung ihrer Eltern war. Um sie zu beruhigen, brachte Linh folgende Zeilen zu Papier: „Bald kann ich Euch monatlich um Einiges mehr Geld überweisen! Die bessere Bezahlung in Europa wird das möglich machen!"
Die Rückläufigkeit der Fischerträge hatte dazu geführt, dass ihre Eltern inzwischen auf ihren Zuschuss angewiesen waren. Linh hatte vor Augen, wie sehr ihre geliebte Mutter und ihr geliebter Vater enttäuscht sein würden, dass sie so mir nichts dir nichts aus Vietnam verschwunden war. Sie versprach in ihrem Brief, sich so schnell wie möglich telefonisch zu melden, sobald sie alles geregelt hatte.

Dann nahm sich Linh vier Stunden Zeit, um die wichtigsten Dinge zu packen. Das Kündigungsschreiben an ihr Institut würde sie aufsetzen, wenn sie in Genf gut untergekommen war. Anschließend konnte sie ihre Schwester bitten, ihre Wohnung aufzulösen. Bestimmt wäre Thao bereit, ihr ein paar wichtige Dinge nachzusenden. Einige Möbel ließen sich sicher bei ihr im Keller unterstellen.

Linh bestellte sich ein Taxi und fuhr zum Flughafen. Ein bisschen mulmiges Gefühl hatte sie schon. Es war ein sehr überstürzter Aufbruch. Aber manchmal war ein Neustart einfach die beste Lösung. Wie hatte der amerikanische Präsident noch mal seine Mission genannt? TOTAL RESET? Komischer Zufall.

Linh betrachtete aus dem Taxi heraus ihre vertraute Umgebung und das Herz wurde ihr ein wenig schwer.

Nichtsdestotrotz fühlte sich die Entscheidung immer noch richtig an. Sie hatte es letztes Jahr geschafft, sinnvolle Algorithmen für die Kompensation von Abbrüchen der Wolkenaufhellungs-Methode zu definieren. Dazu gab es bisher keinerlei Veröffentlichungen. Die meisten Forscher hatten sich auf die Stratosphärenmethode konzentriert.
Wahrscheinlich war sie tatsächlich die Einzige, die jetzt noch den Karren aus dem Dreck ziehen konnte.

Linh checkte ein und versuchte, sich zu entspannen. Es gab an Bord einen Prosecco zur Begrüßung. Sie hatte einen freundlichen Steward erwischt und blätterte durch das Bordmagazin. Linh wählte das vegane Menü aus.
Nach der Mahlzeit wurde sie plötzlich sehr müde. Der heutige Tag war extrem nervenaufreibend gewesen. Hier konnte sie zumindest einmal kurz durchzuatmen. Sie machte es sich für die Nacht bequem und schlief tatsächlich acht Stunden durch. Der nette Steward servierte Frühstück mit Rührei, als die ersten Sonnenstrahlen durch die Luke neben ihr blinzelten. Zwei Stunden später setzten sie zur Landung an.

Kapitel 58

Luca war über Nacht mit dem Zug nach Genf gefahren und hatte sich dort ein Elektroauto gemietet. Er nahm sich spontan eine ganze Woche frei, um sich erst mal selbst ein Bild von der ganzen Situation zu machen. Das war er Grace schuldig. Sie verspürte eine große Erleichterung, ihn um sich zu haben. Den ganzen Schock durch den Angriff der Fliegerstaffel hatte sie noch nicht wirklich verwunden.
Grace hatte Urs mitgeteilt, dass sich Luca angeboten hatte, Linh vom Flughafen abzuholen. Urs begrüßte diese Idee und wollte im Institut auf Linh warten, um ihr den Schlüssel vom Wochenendhaus ihrer Schwester zu übergeben. Luca hatte sich noch kurz für eine Stunde hingelegt und machte sich dann pünktlich um zwanzig nach acht auf den Weg zum Flughafen. Der Flieger von Linh sollte um zehn nach neun ankommen.

Die Verdachtsmomente, dass er von den Russen beobachtet wurde, hatten in den letzten Monaten abgenommen. Aber er war immer noch sehr auf der Hut. Sein Handy hatte er nicht mitgenommen, damit sein Standort nicht geortet werden konnte. Jetzt bemerkte er allerdings in geringer Entfernung hinter seinem Leihwagen einen silbergrauen Mercedes, der ihm schon seit ein paar Minuten folgte. Er probierte, ihn an der nächsten Ampel abzuschütteln, indem er bei Rot noch die Kreuzung überquerte. Der Mercedes fing sich ein lautes Hupkonzert des Querverkehrs ein, weil er versuchte, sich weiterhin an Lucas Stoßstange zu heften.
Luca drückte aufs Tempo und blickte kurz auf das Navi. Er wich auf die Schnellstraße aus, um den Verfolger loszuwerden. Sie sollten ihn auf keinen Fall zusammen mit der Vietnamesin sehen. Sonst brachte er sie womöglich alle in Gefahr. Er beschleunigte seinen BMW auf der Überholspur, um zu entkommen.

Viel Zeit blieb ihm nicht, sonst kam er womöglich zu spät zum Flughafen. Er musste all seine Fahrkünste unter Beweis stellen, die er sich beim BND antrainiert hatte. Ein paar waghalsige Spurwechsel, und der Mercedes war im Rückspiegel nicht mehr zu erkennen. Jetzt musste er nur noch runter von der Schnellstraße.

Doch was war das? Sie hatten die Abfahrt wegen einer Baustelle gesperrt! Das hatte noch gefehlt! Er musste jetzt noch ein Stück weiter aus der Stadt heraus. Die Zeit wurde knapp. Als er die nächste Ausfahrt nahm, fuhr er mitten in einen fetten Stau hinein. Das konnte alles nicht wahr sein! Was machte er jetzt nur? Hier hatte es einen schlimmen Unfall gegeben. Er hörte Notarzt- und Feuerwehrsirenen. Nun war er vollends aufgeschmissen. Gleich war es schon Viertel vor neun. Und er konnte niemanden anrufen. Fuck!!!

Kapitel 59

CIA-Chef Parker hatte nach dem Gespräch mit Grace gespürt, dass die Situation eskalierte. Deshalb war eine sofortige Überwachung aller ihrer Mails und Telefonate die einzig logische Konsequenz nach dem Spektakel mit der geplanten Veröffentlichung. Als sein Abschirmdienst die Flugankunftszeit von Linh Nguyen weitergemeldet hatte, war alles klar. Sie holten doch jetzt tatsächlich diese Vietnamesin nach Genf. Welch eine Unverschämtheit! Diese Frau hatte alles durcheinandergewürfelt. Sie war der amerikanischen Stratosphären-Mission in die Quere gekommen. Auf ihr Konto ging letztendlich auch der Abschuss der Lockheed F40. Parker konnte seine Rachegelüste kaum unterdrücken. Nguyen war angeblich die Spezialistin für diese ‚Wolkenaufhellung', wie Grace Anderson es genannt hatte. Es sah also ganz danach aus, als wolle Europa jetzt da weitermachen, wo Vietnam aufgehört hatte.
Parker fackelte nicht lange. Sofort schaltete er seinen besten Agenten in Europa ein, damit dieser das Problem löste.
Binnen dreißig Minuten machte sich Greg Miller auf den Weg von London nach Genf. Miller hatte maßgeblich bei der Verhaftung eines weltweit berüchtigten Drogenbarons aus Guatemala die Fäden im Hintergrund gezogen.
Im Moment sollte er eigentlich einen nordirischen Terroristen beschatten, der schon eine Weile im Verdacht stand, nach dem Brexit mehrere Anschläge verübt zu haben. Der Verdächtige war lange untergetaucht, aber seit drei Tagen waren sie ihm auf den Fersen. Dann musste sein Kollege die Beschattung halt solange allein überbrücken, bis Ersatz organisiert war.

Greg Miller war vom Typ her ein richtiger Draufgänger. Als Jugendlicher hatte er sich seine Hörner ausgiebig in einer Motorradgang abgestoßen. Sie fuhren nachts in einem abgelegenen Steinbruch Wettrennen. Er war motorisch sehr begabt und ging oft als Erster über die Ziellinie. Durch sein selbstsicheres Auftreten schaffte er es nach dem Schulabschluss tatsächlich, bei einer renommierten Agentur eine Ausbildung zum Stuntman zu ergattern. Das war genau sein Kaliber.

Mit dieser Vorgeschichte empfahl sich Miller für einen Job beim CIA. Die stellten ihn ein, weil sie ein paar waghalsige Agenten für einen Afghanistaneinsatz suchten. Dort lernte er sehr schnell den Ernst des Lebens kennen. Bei einer verdeckten Aktion zur Aushebung eines Talibancamps kam ein Kollege von ihm ums Leben. Sie waren in einen Hinterhalt der Wachmannschaft geraten. Miller konnte fliehen, aber sein Partner wurde niedergeschossen. Das nagte sehr an ihm. Er versuchte seine Angst zu überwinden, indem er bei allen seinen Sonderkommandos keinerlei Skrupel mehr zeigte.

Jetzt hatte Miller von Parker persönlich diesen Sonderauftrag erhalten. Obwohl das Ganze viel zu kurzfristig war, protestierte er nicht lange und übernahm die Aufgabe. Er checkte im Grandhotel am Genfer See ein und machte es sich in der Suite bequem. Miller wartete auf weitere Instruktionen. Die Maschine von Linh Nguyen sollte um zehn nach neun in Genf landen. Er schaute sich die Links an, die Parker ihm vorab als Information geschickt hatte und fand ein Foto von ihr auf der Website der Genfer Geo-Engineering-Tagung.

Früher hatte er immer nur Verbrecher gejagt. Er fragte sich, was diese Frau wohl angestellt haben könnte. Sie machte keinen dementsprechenden Eindruck. Oder nahmen sie jetzt auch ganz normale Wissenschaftler in die Zange?

Kapitel 60

General Cheng Zhang wurde von seiner Überwachungseinheit informiert, dass sie vor ein paar Stunden erneut auf eine interessante Information mit dem Codewort ‚Wolkenaufhellung' gestoßen waren. Die Sekretärin vom CIA-Chef Parker hatte sich nach Feierabend mit ihrer besten Freundin in der Bar gleich um die Ecke des Hauptquartiers getroffen. Vom chinesischen Geheimdienst waren hier wohl beiläufig ein paar Wanzen unter den Tischen platziert worden. Nach mehreren Glas Wein versuchte sie anscheinend, mit einem Witz zu punkten: „Stell dir vor, unser bester Agent jagt jetzt nicht mehr den wichtigsten Drogenbaron der Welt, sondern ist auf Wolkenaufhellung in Genf angesetzt. Bald soll er noch bei Petrus die Türklinken putzen! So sieht das aus, wenn man von meinem liebenswürdigen Chef befördert wird."

Der General wusste sofort, dass diese Beschreibung auf Agent Miller zutraf. Im Herbst 2019 war aus Geheimdienstkreisen in Guatemala durchgesickert, wie dieser das weltweit größte Drogenkartell im Alleingang hatte auffliegen lassen. Sofort verständigte Zhang persönlich den Undercover-Agenten Kim Liu in Genf, der mit der Überwachung der amerikanischen Wissenschaftlerin befasst war.

Liu arbeitete seit drei Jahren für den chinesischen Geheimdienst in Europa. Er war erst fünfunddreißig Jahre alt, aber hochmotiviert, seine mangelnde Erfahrung durch seine Zielstrebigkeit wieder wettzumachen. Liu wusste bereits, dass die Vietnamesin um 9.10 Uhr am Genfer Flughafen ankommen sollte. Das hatte er der gestrigen Diskussion zwischen Grace Anderson mit Urs Alder entnommen. Bisher war diese Information für ihn aber belanglos gewesen. Zhang klärte ihn auf, dass der amerikanische Geheimagent Miller auf die vietnamesische Wissenschaftlerin angesetzt worden sein musste. Miller durfte sie aber keinesfalls ausschalten, denn sie hatten

ihr den Eisenchlorid-Eingriff zu verdanken! Das Wissen von Linh Nguyen war zu kostbar. Liu sollte irgendwie versuchen, sie mit einem lukrativen Angebot nach China zu lotsen.
Der Undercover-Agent hatte verstanden. Er unterbrach General Zhang abrupt. Der Freund von Grace Anderson, der für den BND arbeitete, hatte bereits vor fünf Minuten das Haus verlassen, um die Vietnamesin vom Flughafen abzuholen. Zhang fluchte lautstark. Dann befahl er Liu, sich umgehend in Richtung Ankunftsterminal zu bewegen.

Kapitel 61

Linhs Maschine war zu früh gelandet. Sie blickte auf die Uhr. Es war fünf nach neun. Sie hatte bereits ihren Koffer vom Gepäckband gefischt und machte sich auf den Weg zum Kurzzeit-Parkplatz. Damit der Chauffeur sie erkannte, war als Zeichen eine weiße Rose vereinbart. Sie fand in der Geschäftszeile des Flughafens einen kleinen Blumenladen und entschied sich für die Sorte, die am meisten duftete.
Der Parkplatz befand sich ebenerdig hinter der Zufahrtsschleife. Urs hatte als Treffpunkt den Kassenautomaten vorgeschlagen. Linh schaute sich um. Ach, da drüben war er ja! Sie lief in Richtung der Bezahlstation und hielt Ausschau nach jemandem, der auf der Suche nach ihr war. Ein asiatisch aussehender Mann kam herübergelaufen und winkte ihr zu. Davon hatte Urs Alder nichts erzählt! Sie standen sich gegenüber und der Asiate sprach sie auf Englisch an. Er hieß sie herzlich willkommen und stellte sich als ein Praktikant von Urs Alder vor. Linh bedankte sich höflich. Er nahm ihren Rollkoffer und wollte Richtung Parkhaus aufbrechen, als plötzlich ein BMW mit quietschenden Reifen auf den Parkplatz schoss und ihnen den Weg abschnitt. Luca sprang heraus. Er hatte nach einer knappen Viertelstunde die Unfallstelle endlich umfahren können und war im Höllentempo zum Flughafen gerast. Er konnte nicht zulassen, dass Linh zu einem Fremden ins Auto stieg! Luca stürzte sich auf Kim Liu und warf ihn zu Boden.
Linh begriff nicht, was geschah. Sie war nach Europa gekommen, weil ihr das als ein sicheres Pflaster erschien. Jetzt schlugen sich die beiden Männer vor ihr auf dem Boden. Wer war der richtige Chauffeur? Sie hatte ja erst einmal gestutzt, als sich der Asiate näherte. Aber konnte sie sich bei dem anderen Mann darauf verlassen, dass er sie zu Urs Alder brachte? Sie musste hier weg!

Linh ließ ihren Koffer einfach stehen, warf die weiße Rose auf den Boden und rannte etwa fünfzig Meter weit zum Taxistand. Dort angekommen, riss sie die Tür des vordersten Fahrzeugs auf und bedeutete dem Fahrer, sofort loszufahren, was dieser auch anstandslos tat.

Kim Liu war zwar einen Kopf kleiner, aber dafür sehr kräftig gebaut. Nachdem er zwei Faustschlägen ausgewichen war, hatte der Asiate Luca in einen Ringkampf verwickelt und fixierte ihn auf dem Rücken. Dann nutzte er den kurzen Moment der Ablenkung – als Luca zum Taxistand hinüberschielte – zum finalen Angriff. Liu versuchte, ihn mit dem Ellenbogen die Luft abzuwürgen. Sie verharrten eine Weile in dieser Position. Dann wurde der Asiate plötzlich doch noch von Lucas rechtem Haken überrascht. Luca bäumte sich auf, drehte sich geschickt zur Seite und warf dabei seinen Gegner ab. Liu lag benommen am Boden. Sofort sprang Luca auf und rannte zu seinem Fahrzeug. Er sah gerade noch, wie das Taxi zwei Straßen weiter links um die Ecke bog.

Der allmorgendliche Berufsverkehr ließ allerdings kein Durchkommen zu. Luca brach mehrfach sämtliche Verkehrsregeln, aber es nützte nichts. Er hatte das Taxi aus den Augen verloren und versuchte nachzudenken. Linh fuhr sicherlich zum Institut. Er musste versuchen, ebenfalls so schnell wie möglich dorthin zu gelangen. Dann konnte er dort mit Grace zusammen alles klarstellen. Hauptsache, er hatte erst einmal den asiatischen Angreifer abgewehrt!

Kapitel 62

Der Taxifahrer hatte wohl die besseren Ortskenntnisse als Luca und traf kurz vor ihm am Universitätsgebäude an der Rue du Général-Dufour ein. Luca sah gerade noch, wie Linh bezahlte, bevor das Taxi davonfuhr. Er hatte Angst, Linh ein weiteres Mal zu verschrecken, deshalb versuchte er, in sicherer Entfernung zu parken. Luca beobachtete, wie sie die Allee verließ und in die Parkanlage des Universitätsgebäudes einbog. Er stieg aus und folgte ihr unauffällig in etwa einhundert Metern Entfernung auf den breiten Gehwegen. Die Parkanlage, in der Grace und Urs immer mittags spazieren gingen, war mit vielen Bäumen durchzogen. Direkt vor dem Eingang der Uni parkte ein schwarzer Lieferwagen. Die Vorlesungen waren in vollem Gange. Bis auf zwei rauchende Studierende an der anderen Ecke des Gebäudes war niemand zu sehen.

Als Linh den Transporter passierte, sprang ein schwarz gekleideter Mann aus der Fahrerkabine und packte Linh. Er presste ihr ein Tuch aufs Gesicht und wartete kurz, bis sie in sich zusammensank. Dann schleppte er sie hinter das Fahrzeug, öffnete den Ladebereich und stieß sie hinein.

Luca traute seinen Augen nicht. Er rannte, so schnell er konnte, in Richtung Lieferwagen. Der maskierte Mann war schon wieder auf dem Weg zur Fahrerkabine und stieg ein. Luca war noch etwa zehn Meter von der Rückseite des Transporters entfernt, als dieser mit maximaler Beschleunigung davonfuhr. Luca konnte den Griff der Ladeluke nicht mehr erreichen. Er stampfte mehrmals wütend mit dem Fuß auf und versuchte, sich wenigstens noch das Kennzeichen zu merken.

Was für eine bescheuerte Verkettung unglücklicher Umstände! Erst waren ihm die Russen in die Quere gekommen! Sie abzuschütteln hatte Zeit gekostet. Nur deswegen war

dieser Asiate am Flughafen kurz vor ihm bei Linh angekommen. Durch den dadurch notwendigen Kampf war die zierliche Wissenschaftlerin so verschreckt worden, dass er sich gezwungen sah, Abstand zu ihr zu halten. Deshalb hatte er sie – verdammt noch mal – nicht ausreichend vor dem Entführer beschützen können ...
War der Kidnapper ein Amerikaner? Er glaubte zumindest, ein männliches Augenpaar, umgeben von weißer Hautfarbe, im Schlitz der Maske erkannt zu haben. Hier waren anscheinend gleich drei Geheimdienste am Werk. Alle ihre Fäden waren hier an diesem Punkt zusammengelaufen.
Luca fragte sich, welche Länder noch ein Interesse an Linh haben konnten? Er musste sofort seinen Chef kontaktieren. Vielleicht hatte der irgendeine Idee, was hier los war?

Kapitel 63

Grace war zutiefst schockiert. Es war elf Uhr. Sie saßen zusammen mit Luca in Urs Institutsbüro und hatten erst einmal die anderen drei Kollegen vorzeitig in die Mittagspause geschickt. Luca versuchte, möglichst ruhig zu erklären, was abgelaufen war.

Grace unterbrach immer wieder: „Was machen wir jetzt?"
Luca hatte sofort den BND eingeschaltet. Sein Ressort nahm direkt Kontakt mit den Schweizer Behörden auf. Ein gemeinsames Team sollte in der Sache ermitteln. Sie gaben eine Großfahndung nach dem Kennzeichen heraus und wollten sämtliche Überwachungskameras in der Innenstadt von Genf überprüfen. Luca würde gleich im Anschluss zu dem zehnköpfigen Krisenstab dazustoßen. Dann wüsste er mehr.

Urs saß konsterniert auf seinem Bürostuhl und starrte vor sich hin. Er wollte die ganze Geschichte nicht wahrhaben. Hatte er wirklich Linh nach Genf eingeladen? Alles erschien ihm auf einmal irreal. Es war, als stände er neben sich. Urs hatte nach dem Tod seiner Mutter im Kampf gegen den Klimawandel seine Bestimmung gefunden. So konnte er sich etwas von dem Schmerz ablenken, der ihn ereilt hatte. Nun war ihm zum zweiten Mal in seinem Leben der Boden unter den Füßen weggebrochen.

Grace war verzweifelt. Die Einschläge kamen immer näher. Sie hatten an einem Thema geforscht, das das Wohl und Wehe der zukünftigen Welt beeinflusste. Und das war jetzt das Ergebnis! Die weltweiten Geheimdienste schlugen zurück. Es war schwer, sich im Wirrwarr der nationalen Interessen zurechtzufinden.

Luca hatte nichts von seinem Verdacht erzählt, dass die Amerikaner hinter der Entführung steckten. Aber Grace vermutete das auch. Sie bekam Angst um Linh und fing an zu weinen. Luca nahm sie in den Arm und versuchte, sie zu trösten. Aber das half nicht wirklich. Sie wusste, dass er gleich wieder aufbrechen musste. Also versuchte sie, sich zusammenzureißen. Grace zog ein Taschentuch aus der Hosentasche und schnäuzte sich damit einmal ausgiebig. Sie war desillusioniert. Luca sah ein paar Sekunden lang tief in Graces Augen und versuchte, ihr damit ihre Angst zu nehmen. Auch das misslang. Er verabschiedete sich mit einem flüchtigen Kuss. Grace rief ihm hinterher: „Du musst Linh finden! Du musst sie unbedingt finden!!!"

Kapitel 64

Luca bekam von den Schweizern ein Büro zugeteilt. Der Einsatzleiter Noah Schmid hieß ihn kurz willkommen. Sie hatten ihm das Videomaterial auf einen Rechner gespielt. Er begann, zusammen mit der Task Force die Aufnahmen aus dem Innenstadtbereich zu sichten. In der Schweiz gab es reichlich Kameras, die von den Kantonen im öffentlichen Bereich aufgestellt worden waren. Luca beschrieb ihnen noch einmal ganz konkret das Fahrzeug, das sie suchten. Die Assistentin von Noah Schmid brachte ihm eine Tasse Kaffee. Er scrollte sich durch die vielen gestreamten Daten.
Nach einer Stunde vergeblicher Suche begann sein Blick bereits zu schwimmen. Er hatte die Nacht zuvor im Zug kaum schlafen können. Um sich besser konzentrieren zu können, versuchte er, vor der Tür kurz durchzuatmen. Er musste einen klaren Kopf behalten. Luca ärgerte sich immer noch schwarz, dass er das Kidnapping nicht hatte verhindern können. Wo konnte der Entführer Linh hingebracht haben? Hatte er sein Fahrzeug getauscht? In der Innenstadt wäre das bestimmt aufgefallen. Aber vielleicht am Stadtrand?

Auf einmal öffnete sich die Tür der Polizeistation, und Noah Schmid kam die Treppe herunter. Er hatte Neuigkeiten: „Wir haben das Fahrzeug auf der Butin-Brücke nach Nordwesten Richtung Flughafen ausmachen können! Der Entführer hat inzwischen die Maske abgenommen, aber sich stattdessen eine Kapuze übergezogen und eine Sonnenbrille aufgesetzt. Wir versuchen, sein Bild gerade durch unseren Computer zu jagen. Aber da habe ich nicht viel Hoffnung. Das Team ist weiter dabei, das Filmmaterial nördlich der Rhône zu sichten."
Luca überlegte kurz. Klar. In der Nähe des Flughafens konnte der Kidnapper sich schnell wieder abseilen. Er sichtete auf seinem Handy die Satellitenkarte. Westlich vom

Flughafen gab es ein Industriegebiet, davor eine Raffinerie und einen Schrottplatz. Das war ein geeignetes Gebiet für den Entführer, um ungestört operieren zu können. Er entschied sich, dort sein Glück zu versuchen. Hier vor dem Bildschirm zu sitzen, machte ihn ganz gaga. Noah Schmid und er tauschten Telefonnummern aus. Dann machte Luca sich auf den Weg zu seinem Auto.

Kapitel 65

Miller war kurz hinter der Rhône-Brücke am Waldrand in einen abgelegenen Feldweg eingebogen, um seinen schwarzen Van gegen ein weißes Stufenheckfahrzeug einzutauschen. Hier hatte eigentlich keine Menschenseele etwas verloren. Linh war immer noch bewusstlos. Er schob sie ziemlich rabiat von einem Kofferraum in den anderen.
Jetzt hieß es aber, sich zu sputen und sie in die kleine leerstehende Fabrikhalle zu schaffen, die ihm Parker genannt hatte. Bevor die Betäubung mehr und mehr nachließ, musste er sie endgültig aus dem Wagen geholt haben. Er fuhr weiter in Richtung des Industriegebietes, passierte den Eingang des Schrottplatzes und parkte vor dem verlassenen Fabrikgebäude. Miller öffnete vorsichtig die Heckklappe. Als er unter Linhs Arme griff, fing sie laut an zu stöhnen. Zum Glück war niemand in der Nähe. Hier konnte er unauffällig operieren, weil der Zugang durch mehrere Wellblechhütten gut verdeckt war.
Auf dem Universitätsgelände hatte Miller natürlich bemerkt, dass jemand versucht hatte, die Entführung zu verhindern. Kein Wunder, dass das Kidnapping nicht komplikationslos verlief! Wie sollte er seine Aufgabe perfekt ausführen können, wenn man ihn Hals über Kopf von einem höchst fordernden Auftrag in den nächsten steckte! Jetzt musste er damit rechnen, dass sie ihm auf den Fersen waren.
Hoffentlich hatte er sie durch den Fahrzeugwechsel abgeschüttelt! Er sollte zumindest irgendwie diese Eingangstür sichern. Nachdem Miller die vietnamesische Wissenschaftlerin im verfallenen Fabrikgebäude auf einem Stuhl fixiert und geknebelt hatte, kümmerte er sich darum.
Linh Nguyen wachte langsam auf und wurde sich ihrer Lage bewusst. Sie versuchte, ihre Fesseln zu lockern, aber das war ihr nicht möglich.

Miller kam zurück in die Fabrikhalle und wollte sich die Wissenschaftlerin vorknöpfen. Mal schauen, ob sie kooperieren würde. Es musste jetzt alles ganz schnell gehen.
Linh erschrak. Miller baute sich hinter ihr auf und legte ihr ein Messer an die Kehle. Linh wimmerte. Miller sagte laut und deutlich: „Ich löse jetzt diesen Knebel, und wehe, ich höre dann irgendeinen Ton! Sie müssen mir jetzt einfach nur ein paar Fragen beantworten."
Linh nickte.
„Was haben Sie mit dem Einsatz der Frachter in Südostasien zu tun? Und warum sind Sie jetzt nach Europa gekommen?"
Linh antwortete wahrheitsgemäß. Sie wusste nicht, was sie verbrochen haben sollte. Dann setzte sie nach: „Warum haben Sie mich hier festgesetzt?"
Miller wich aus: „Sie scheinen Dinge zu wissen, die gefährlich für die Welt sind."
„Nein. Ich versuche doch nur zu helfen!"
„Das glaube ich Ihnen nicht. Ich weiß nämlich, dass diese vietnamesischen Frachter dafür sorgen sollten, das amerikanische Klima zu beeinflussen."
Linh wurde wütend: „Nein, das war umgekehrt. Zuerst hat Amerika das Klima von Vietnam verändert. Bedauerlicherweise ist durch das Ausschalten der Frachter das Klima jetzt insgesamt in Gefahr."
Miller glaubte ihr nicht. Er hatte sich noch nicht wirklich mit dem Thema beschäftigt. Parker hatte ihm nur etwa fünf Minuten lang versucht zu erklären, wie diese obskuren Methoden des Geo-Engineerings funktionierten …

Kapitel 66

Luca passierte die Pont Butin. Er hatte keinen Blick für die Schönheit des Rhônetals unter ihm. Die ganze Zeit hielt er nur Ausschau nach dem Lieferwagen. Die Zufahrten der Raffinerie waren massiv abgesichert. Hier wäre kein Durchkommen für den Entführer möglich gewesen.
Plötzlich klingelte Lucas Telefon. Noah Schmid war am Apparat. Einer der Ermittler hatte die Aufzeichnung der Satellitendaten aus der Flugüberwachung kontrolliert. Der Kidnapper war jetzt mit einer weißen Limousine unterwegs. Sein Wagen parkte direkt vor der alten Fabrik auf dem Schrottplatz. Spätestens in einer halben Stunde würde Schmid mit dem SWAT-Team vor Ort sein.
Luca war gerade auf dem Weg dorthin. Weil Linh in Gefahr war konnte er nicht darauf warten, bis das Einsatzkommando eintraf. Fünf Minuten später passierte er die Einfahrt des Schrottplatzes. Wegen des Publikumsverkehrs war das Gelände problemlos zugänglich. Im Bereich um die Schrottpresse war alles sehr übersichtlich. Verschiedene Materialgattungen wurden unter offenem Himmel gesammelt. Am Südrand gab es ein paar Wellblechhütten und dahinter die von allen guten Geistern verlassene Fabrikhalle.
Luca entdeckte sofort am Eingang des Gebäudes die weiße Limousine. Hierhin musste der Entführer mit Linh geflüchtet sein. Er fackelte nicht lange und parkte seinen Wagen direkt dahinter. Dann entsicherte er seine Waffe und stieg aus seinem Fahrzeug aus. Er schlich geduckt die Treppe hinauf und versuchte, mit gezogener Waffe die Tür zu öffnen. Als er an die Klinke fasste, gab es plötzlich einen lauten Knall, gefolgt von einem extremen Knistern. Er wurde von einem Stromschlag regelrecht zurückgeworfen. Luca ging zitternd zu Boden und bewegte sich nicht mehr.

Durch den Kurzschluss wurde ein akustischer Alarm ausgelöst. Miller hatte das entsprechend gekoppelt.

Nun war er gewarnt. Jetzt musste er mit der Wissenschaftlerin kurzen Prozess machen. Seine Diskussion mit Linh hatte zu nichts geführt. Parker hatte ihn beauftragt, sie zu verhören und herauszufinden, wie sie an ihr Know-how kommen konnten. Aber sie gab absolut keine Infos über etwaige Speicherplätze ihrer Algorithmen heraus. Auch mit der Klinge am Hals verriet sie nicht ihre Cloudzugänge oder gar Passwörter.

Miller warf Linhs Stuhl zu Boden. Linh begriff, dass sie jetzt für Miller wertlos war. Sie schrie laut um Hilfe. Es gab kein Entkommen.

Miller nahm das Messer, beugte sich nach unten und stach direkt in ihre Brust. Linh riss die Augen weit auf. Blut strömte aus ihrem Oberkörper. Sie zuckte noch ein letztes Mal. Ihr Blick erstarrte und dann erschlaffte ihr zierlicher Körper.

Die letzte Chance, das Klima wieder unter Kontrolle zu bekommen, war damit Geschichte. Linh hatte ihren Neustart nicht überlebt. Vielleicht hätte sie den weltweiten Schaden noch begrenzen können.

Das eintreffende SWAT-Team fand Luca leblos auf dem Boden. Der Kommandant der Sondereinheit versuchte, Lucas Puls zu fühlen. Aber sein Herz schlug nicht mehr. Der Stromschlag hatte ihn eiskalt erwischt. Luca war ebenfalls tot. Und er hatte Linh nicht retten können. Im globalen Gerangel um die national beste Lösung war die ganze Sache aus dem Ruder gelaufen. Zu viele Staaten hatten gleichzeitig heimlich ihre Lösung gepusht. Luca war nicht in der Lage gewesen, das zu verhindern.

Miller war entkommen. Der amerikanische Präsident gratulierte Parker zu der gelungenen Intervention. Sie begriffen beide immer noch nicht, was sie angerichtet hatten. Auch das nordamerikanische Klima war durch ihre falschen Entscheidungen entgleist. Noch konnte man nur den Schaden nicht erkennen. Das würde sich bald ändern.

Grace war wochenlang vor lauter Trauer wie gelähmt. Luca hinterließ eine riesige Leere. Wie sollte sie jetzt nur weitermachen, ohne ihn? Immer, wenn sie glaubte, sich ein klein wenig gefangen zu haben, stieg zu allem Kummer zusätzlicher Ärger in ihr auf.

Warum hatten sie das Chaos des parallelen Geo-Engineerings nicht aufhalten können?

Grace beschloss, auszusteigen. Der Comer See schien ein geeigneter Ort dafür. Sie mietete ein leerstehendes Haus in der Nähe des Geburtsortes von Lucas Großeltern an.

Eine Weile lebte sie von ihren Ersparnissen. Dann hatte sie Glück und konnte das Restaurant *Fioroni* unten am See übernehmen. Der alte Pächter wollte seine Rente genießen.

Grace hoffte, hier zur Ruhe kommen. Sie versuchte, an die schönen Tage zu denken, die ihr hier mit Luca vergönnt gewesen waren. Grace blickte voller Liebe darauf zurück, dass er für ihre Sache sein Leben riskiert hatte. Auch, wenn er deshalb für immer für sie verloren war.

Epilog

Die mannigfachen Versuche verschiedener Nationen, am Klima herumzuschrauben, führten zu immer weiteren Problemen.
Die Vereinigten Staaten behielten die Dosierung ihrer Stratosphären-Methode bei. Das Land erlebte nach dem Abbruch der Wolkenaufhellungsmethode eine Zunahme der Hurrikane-Ereignisse, die niemand für möglich gehalten hatte. Die Unwetter drangen inzwischen weit bis ins Landesinnere vor. Überschwemmungen wie im Jahr 2005 beim Hurrikane Katrina waren eher die Regel als die Ausnahme.
China wiederum versuchte den Abbruch der Marinen Wolkenaufhellung mit einer anderen Geo-Engineering-Methode zu kompensieren, bei der Zirruswolken mit Bismutiodid geimpft wurden. Die Substanz beeinflusste die Bildung von Eiskristallen. Das Salz wurde in normalen Flughöhen durch Passagierflugzeuge verteilt. China erhoffte sich, durch die Beimengung im Kerosin unerkannt operieren zu können. Diese Methode war noch weniger erforscht als diejenigen, die schon vorher im Einsatz waren. Bei starken Fallwinden konnte sich die Wirkung umkehren.
Australien experimentierte damit, durch eine großflächige Platzierung von Aluminiumfolien in der Victoria-Wüste, Sonnenstrahlung zu reflektieren. Rechnerisch reichte ein minimaler Teil der Erdoberfläche aus, um damit die mittlere globale Temperatur neu zu justieren.
Da der Klimawandel in den mittleren Breiten – oberflächlich betrachtet – für viele abgenommen hatte, setzte die breite Bevölkerung hier weiter auf das fossile Pferd. Die weltweiten Emissionen brachen jedes Jahr immer neue Rekorde.
Der unabhängig voneinander laufende Einsatz verschiedener Geo-Engineering-Methoden führte nun aber zu immer mehr katastrophalen Nebenwirkungen.

Als das offensichtlich wurde, schritten im Jahr 2048 die Vereinten Nationen ein. Sie sprachen zunächst ein nationales Verbot für sämtliche Geo-Engineering-Maßnahmen ab 2050 aus, damit der Wildwuchs an Eingriffen in das Klimasystem ein Ende hatte. Dann initiierten sie unter einem internationalen Regime das kontinuierliche Ausschleusen der Methoden als einen Versuch, die Nebenwirkungen langsam abzubauen.

Parallel stießen sie nun endlich die benötigten Emissionsreduzierungen an. Das kam aber leider zu spät. An den Polen waren die eingesetzten Geo-Engineering-Methoden in der sonnenfreien Jahreszeit größtenteils wirkungslos geblieben. Der Thwaites-Gletscher in der Antarktis hatte bereits seinen Kipppunkt überschritten. Er kollabierte in die Drake-Passage und störte die globalen Meeresströmungen. Das Tauwasser beschleunigte den antarktischen Zirkumpolarstrom. Dadurch wurde mehr CO_2 aus den Tiefengewässern in die Atmosphäre getragen. Der Teufelskreislauf hatte begonnen. Es kam zu einem rasanten Temperaturanstieg nach oben. Was für eine trügerische Hoffnung, so ein komplexes System beherrschen zu wollen. Das Klimasystem war außer Kontrolle.

Als 2063 der Kipppunkt für Methanhydrat im Ozean überschritten war, führte dessen Verdampfung zu einer finalen Beschleunigung der Prozesse. Es kam zu einem abrupten Klimawandel. Der Golfstrom brach zusammen. Die wechselnden Temperaturtrends überforderten die biologischen Systeme. Flora und Fauna gerieten komplett aus ihrem Gleichgewicht. Missernten waren inzwischen an der Tagesordnung. Ganze Völkerwanderungen begannen. Die Menschen waren auf der Suche nach verwertbarer Nahrung. Die Welt steuerte irreversibel auf einen eisfreien Planeten zu, dessen Meeresspiegel vierundsechzig Meter höher lag als zu Beginn der Aufzeichnungen im achtzehnten Jahrhundert.

Die Menschen, die sich lange dagegen gewehrt hatten, früh genug die CO_2-Emissionen zu senken, sahen inzwischen ihren Fehler ein. Nur das nutzte nach Überschreiten sämtlicher Kipppunkte niemandem mehr. Viele von ihnen hatten sowieso vorher das Zeitliche gesegnet und wurden so niemals mit der grausamen Wahrheit konfrontiert.

Nachwort

Ich liebe Geschichten mit Happyend. Aber für dieses Buch ein Happyend herbeizuzaubern widerstrebte mir als zu utopisch.

Ich hatte im Rahmen meiner Masterarbeit mehrere Expert:innen zu den Risiken und Chancen verschiedener Geo-Engineering-Methoden befragt. Im Rahmen meiner weiteren Recherchen stieß ich auf viele sehr optimistische Veröffentlichungen, die zu dem Ergebnis kamen, man könne mit geeigneten Governance-Regeln die Geo-Engineering-Methoden in einen politischen Rahmen einhausen. Es wird zum Beispiel angenommen, dass eine kleine multilaterale Gruppe von Nationen diese Entscheidungen treffen könnte. Um sogenannte Verliererstaaten zur Duldung von Nebenwirkungen des Geo-Engineerings zu bewegen, werden Ausgleichszahlungen vorgeschlagen. Dass das aber in der Regel die Länder im tropischen Gürtel betrifft, die aktuell bereits sehr stark unter dem Klimawandel leiden, kommt dabei zu kurz. Wenn diese Regionen schon jetzt nicht die eigentlich versprochenen Gelder aus dem Grünen Klimafond erhalten – wie realistisch wären dann ausgezahlte Entschädigungen für die Katastrophen, die das Geo-Engineering hinterlässt? Das Verursacherprinzip bleibt bei diesem Vorschlag sowieso auf der Strecke. Außerdem folgt diese Denkweise sehr stark alten kolonialen Mustern.

Im Rahmen von Pilotprojekten der stratosphärischen Aerosolinjektion wird eine öffentliche Diskussion zur grundsätzlichen Ethik solcher Eingriffe abgewürgt. Ob solche Methoden die Bemühungen der herkömmlichen Dekarbonisierung abbremsen – also ein sogenannter Moral Hazard greift – diese Frage wird vertagt.

Weiterhin werden die Missbrauchsmöglichkeiten der Geo-Engineering-Methoden in meinen Augen bisher viel zu wenig beleuchtet. Beim Counter-Geo-Engineering wird nur über die Kompensation von Maßnahmen nachgedacht; deren Übersteuerung ist kein Thema. Auch der unkontrollierte heimliche Einsatz durch einzelne Nationen wird nicht kritisch genug betrachtet. Angesichts der momentanen nationalen Tendenzen und dem schamlosen Egoismus, mit dem viele Länder inzwischen Weltpolitik betreiben, hat mich das verwundert. Ich muss nachdrücklich noch einmal darauf hinweisen, dass dies ein Spiel mit dem Feuer ist. Da auch in Zukunft nicht von vernünftig agierenden Machthaber:innen ausgegangen werden kann, könnte dieses Spiel die Menschheit ruinieren. Wollen wir das zulassen?

Dieser Thriller sollte deshalb als Warnung verstanden werden, in welche Zwänge wir uns begeben, wenn wir nicht ENDLICH UMDENKEN und unsere CO_2-Emissionen senken. Wir müssen uns sowieso von den fossilen Energien lösen. Warum gehen wir diese immensen Risiken ein? Nur, um noch ein paar Jahre so weiterleben zu können wie jetzt? Und nach uns, buchstäblich, die Sintflut zu hinterlassen???

Danksagung

Ich möchte mich an dieser Stelle bei denjenigen bedanken, die an dieses Buch geglaubt haben. Allen voran mein guter Freund Marcel Teschner, der mich mit kulinarischen Köstlichkeiten immer wieder aufgebaut hat und nicht zu vergessen sein fiktiver Rat von Henriette 4.0.

Dann gilt mein Dank auch dem kritischen Blick meiner Korrekturleser, allen voran Markus D. und Vera Konrad, durch die das Buch sehr an Plausibilität und Redefluss gewonnen hat. Auch die wertvollen Hinweise von Marko Dörre, Rita Musatti und Wolfgang Domeyer haben die Struktur und den Text des Buches deutlich abgerundet.

Nicht zuletzt möchte ich mich auch beim Noel-Verlag bedanken. Insbesondere deren Leiterin Elke Link hat früh erkannt, dass diese Geschichte erzählt werden sollte.

Ich bin außerdem sehr froh, auf der Zielgeraden mit Sigrid Lehmann-Wacker *(www.schreibwerkstatt-osnabrueck.de)* eine sehr kompetente Lektorin gefunden zu haben, die dem Buch noch die notwendige Tiefenschärfe verliehen hat!

Zum Schluss gilt schon im Vorfeld mein besonderer Dank allen Leserinnen und Lesern, die sich mit mir zusammen auf eine Reise in die Zukunft begeben und last but not least natürlich allen Klimaschützern.

Autoren-Portrait

Die Autorin Kerstin Doerenbruch wurde 1965 in Osnabrück geboren und schloss dort an der Fachhochschule ihr Studium als Diplom-Ingenieurin ab.

Im Jahr 2000 übernahm sie in einem großen deutschen Automobilkonzern als erste Frau die Aufgabe, eine Konstruktionsabteilung zu leiten. Sie hat sich dabei intensiv mit Sicherheitsrisiken auseinandergesetzt.

Vierzehn Jahre später wechselte sie zu einer Tätigkeit als Lehrbeauftragte an der Hochschule für Technik und Wirtschaft in Berlin. Um ihr Wissen in Sachen Klimawandel zu erweitern, absolvierte sie parallel ein Studium der Umweltwissenschaften. Während ihrer Masterarbeit entstand die Idee, den Stoff zu einem Thriller zu verarbeiten. Thema ihrer Abschlussarbeit waren die Chancen und Risiken von Geo-Engineering-Methoden.

Kerstin Doerenbruch engagiert sich ehrenamtlich in mehreren Umweltschutzorganisationen, u. a. auch als Pressesprecherin.